感谢国家自然科学基金青年科学基金（72203151）对研究工作的资助

基于幂后验的贝叶斯因子的计算、应用及其在R中的实现

汪念玲◎著

中国经济出版社
CEPH CHINA ECONOMIC PUBLISHING HOUSE

北 京

图书在版编目（CIP）数据

基于幂后验的贝叶斯因子的计算、应用及其在 R 中的
实现 / 汪念玲著 . -- 北京：中国经济出版社，2024.
8. -- ISBN 978-7-5136-7856-8

I. O212.8

中国国家版本馆 CIP 数据核字第 20244M43F0 号

策划编辑　　杨　莹
责任编辑　　赵嘉敏
责任印制　　马小宾
封面设计　　中国经济出版社

出版发行　中国经济出版社
印刷者　　河北宝昌佳彩印刷有限公司
经销者　　各地新华书店
开　本　　787mm×1092mm　1/16
印　张　　11.75
字　数　　169千字
版　次　　2024年8月第1版
印　次　　2024年8月第1次
定　价　　88.00元

广告经营许可证　京西工商广字第8179号

中国经济出版社　网址 www.economyph.com　社址 北京市东城区安定门外大街58号　邮编 100011
本版图书如存在印装质量问题，请与本社销售中心联系调换（联系电话：010-57512564）

前　　言

笔者于 2016 年至 2021 年，在中国人民大学汉青经济与金融高级研究院接受硕博连读培养，师从经济学院副院长李勇教授，在导师的指导下开展贝叶斯计量经济学的相关研究。研究主题是贝叶斯计量经济学中常用的统计量，即贝叶斯因子。在此期间，笔者访问了新加坡管理大学余俊教授，并与李勇教授和余俊教授展开论文合作。本书系笔者在已发表成果及硕士学位论文的基础上，经过更新整理并对相关内容进行进一步扩充的成果。

本书的主要目的是系统性地梳理和介绍基于幂后验的贝叶斯因子的计算方法，从研究背景、文献回顾、理论分析、算法提出、性质证明、应用实例、编程实现、不足及未来展望等方面进行了全面和详细的总结。鉴于本书融合了笔者的硕士论文、已发表成果及部分相关的未发表成果，本书以独著的形式出版。但需要强调的是，两位老师对本书的形成均有重要的贡献。感谢我的导师李勇教授多年来对我的指导和培养，为我指明了研究方向。感谢余俊教授对我的关心和帮助，和余老师的论文合作总是非常愉快。当然，本书是笔者结合多方内容进行统一整理的成果，因此书中若有表述不当的内容或纰漏，笔者文责自负。

全书共分为六章。

第一章为绪论，主要介绍了本书的研究背景和研究对象。在经济和金融领域，许多经典的模型被提出，用于解释现实问题、检验某些猜想，以进一步应用理论来制定合理的政策，或者指导和优化人的行为。一个客观的事实是，尽管有不同的金融或经济模型被提出来解释某一个现象，但现实中，只有唯一的、共同的数据被观测到。这就要求我们在使用这些模型前，首先对这些模型进行比较，从中挑出最好的模型帮助我们理解现实、预测未来。这就引出了模型选择的问题。对于模型选择问题，频率学派常用的方法是 AIC 准则和 BIC 准则。然而这两个信息准则的计算需要求得极大似然估计量，对模型的可优化性有一定的要求。贝叶斯学派常用来进行模型选择的准则是贝叶斯因子。贝叶斯因子的计算往往基于抽样来进行，对模型的可优化性要求较低，因此对较为复杂的模型具有相对优势。虽然贝叶斯因子的计算不要求优化，但是其定义中涵盖了高维积分，因此其计算上的困难一直是该领域致力解决的重点和难点。加之数字经济和大数据时代的到来，贝叶斯因子在计算上的挑战更加严峻。基于上述背景，本书的主要目的就是系统性地整理和介绍基于幂后验的贝叶斯因子的计算、应用及其在 R 语言中的实现。

第二章介绍了幂后验的定义及性质，回顾了基于幂后验的贝叶斯因子的传统算法，并进行了简要的评述。除此以外，我们参照经典的后验分布的伯恩斯坦–冯–米塞斯定理，给出并证明了幂后验的伯恩斯坦–冯–米塞斯定理。这个定理简单直观但非常有用。基于该定理，我们提出了第三章和第四章的改进算法。

第三章基于幂后验和重要性抽样，提出了改进的贝叶斯因子估计方法。特别地，通过对比后验分布和幂后验分布，我们发现幂后验分布在经过一个速率的调整后，和后验分布一样渐近收敛于正态分布。于是，我们设计了一个简单的线性变换，将后验分布抽样变换为幂后验抽样的近似，并以此作为提议分布，使用重要性抽样进行贝叶斯因子的估计。该改进算法主要节省了传统算法的幂后验抽样时间，将传统算法的计算效率提高了十倍左右。此外，我们还给出一系列常规条件，并证明了估计量的一致性。

第四章基于幂后验、重要性抽样和泰勒展开，对第三章的算法进行改进，主要是简化了其似然函数的计算量，将第三章算法的计算效率进一步提高了十倍左右。

值得注意的是，和通常的频率学派分析框架不同，本书的研究涉及两个不同范畴的渐近理论。一个是随着样本量增加的渐近理论，另一个是随着蒙特卡罗抽样数量增加的渐近理论。与之对应，当我们探讨随机渐近误差时，其随机性有时来自数据，亦即数据的真实产生过程；有时来自参数，即参数所服从的分布。比如，在探讨伯恩斯坦–冯–米塞斯定理的语境下，我们往往让样本量趋于无穷；而在探讨贝叶斯因子（边际似然）计算的语境下，由于样本量趋于无穷，边际似然也趋于无穷，估计变得没有意义，我们一般将样本量固定为一个有限的整数。在本书写作过程中，我们对可能出现相关疑惑的地方，都进行了相应的注解。

第五章则从实战的角度，介绍了基于 R 语言的本书相关算法的有效实现，便于读者进一步了解本书相关算法的实现细节，能够对本书的算法结果进行复现，以及如果有可能的话，将本书的算法应用到他们的研究中，以解决某些实际问题。我们从 R 语言基础、基于 R 语言的贝叶斯抽样、基于 R 语言的贝叶斯因子计算三个层面，逐步深入，进行了代码的阐述。

最后一章即第六章为结论及未来展望。总结了本书的主要内容和结论，并对幂后验的不足进行了简要的探讨，提出了未来的一些研究方向。

目　　录

第一章
绪　论

第一节　引言

在经济和金融领域，许多经典的模型被提出，用于解释现实问题、检验某些猜想，以进一步应用理论来制定合理的政策，或者指导和优化人的行为。比如在金融领域，金融市场中资产回报率的决定机制一直是学术界和企业界关注的热点。因为资产回报率对资产的合理定价，对资产管理人的投资组合、风险分散、套利行为，对家庭的投资选择，以及对整个社会的资源最优配置来说，都非常关键。在金融市场，我们观测到许多公司的股票或发售的债券，其价格总是处于不断的波动中，尤其是在一些重要的事件前后，如政府政策发布、宏观经济冲击、公司股东大会召开等，股票的价格波动更加明显。由于股票市场能够快速反映投资者预期，反映市场上的相关信息，其往往被当作经济运行的晴雨表。对于资产价格（收益率）背后的决定机制，学术界提出了许多重要的资产定价理论模型。从最开始的经典资本资产定价模型（CAPM；Sharpe，1964；Lintner，1965）到后来发展出的无套利定价模型（APT；Ross，1976）、多因子模型等，都是为了探究资本市场中资产回报率到底受什么因素的影响。从实证的角度看，自 1993 年 Fama-French 的三因子定价模型被提出以来，因子定价模型掀起了实证资产定价研究的一股风潮。据 Hou、Xue 和 Zhang（2020）统计，目前已发现 447 种市场异象。Harvey 和 Liu（2019）对学术界提出的所有定价因子也进行了一次"因子普查"，发现仅统计截至 2018 年 12 月底在顶级期刊中发表的论文，就有 400 多种定价因子，并且发掘因子的速度还在加快。人们把这众多的因子称为因子动物园（Factor Zoo）。过多的因子不但对指导我们投资没有益处，而且令我们迷失方向，给模型的估计和计算带来许多困难。因此，一个现实的问题是，我们应该如何选择到那些真正有效的因子，更好地进行模型比较，进而指导我们的投资行为？

比如在经济领域，经济政策的制定和发布不仅能够引起社会的广泛关注和热烈讨论，也会对每个人及整个社会产生不可忽视的长期影响。经济政策有很多种，如货币政策、财政政策、就业政策（如最低工资水平）、汇率政策、贸易政策等。经济政策的制定有时也会使用建模的方法，来模拟现实世界的运行，或者提取观测数据中的信息，从而更好地指导政策的制定。因此，政策制定者也面临一个现实的问题：面对多个可以利用的模型，该如何进行选择？

一个客观的事实是，尽管有不同的金融或经济模型被提出来解释某一个现象，但现实中，只有唯一的、共同的数据被观测到。这就要求我们在使用这些模型前，首先对这些模型进行比较，从中挑出最好的模型帮助我们理解现实、预测未来。这就引出了模型选择的问题，即假设我们观测到一些数据，记为 y，现在有多个候选模型可以用于对 y 进行建模，我们该如何挑选最好的模型？

对于模型选择问题，频率学派常用的准则是 AIC（Akaike Information Criterion；Akaike，1973）、BIC（Bayesian Information Criterion；Schwarz，1978）等。这两个信息准则的计算基于频率学派的极大似然估计量得出，所以对模型的可优化性有一定的要求。而贝叶斯学派常用来进行模型比较和模型选择的准则是贝叶斯因子（Bayes Factors；Kass and Raftery，1995）。贝叶斯因子是贝叶斯计量领域中最常用的统计量，可用于解决假设检验、模型比较、变量选择、模型平均等问题。两个模型之间的贝叶斯因子被定义为它们的边际似然之比。边际似然的大小体现了模型对于数据的拟合程度。在观测到一组数据后，贝叶斯因子将选择边际似然更大的模型。相比频率学派的模型选择方法，贝叶斯学派的贝叶斯因子方法往往不是基于优化手段，而是基于抽样手段得到的。这在模型比较复杂、难以优化的情况下，具有相对优势。

除此之外，贝叶斯因子还有两大优势。第一，贝叶斯因子可以吸收研究者对模型和参数等的先验信息，辅助进行模型选择的决策。当先验信息存在且正确的时候，贝叶斯因子有助于提高模型选择的效率。第二，贝叶斯因子具有一致性的统计性质，即随着样本量的增大，贝叶斯因子能够一致地选择到正确的模型，没有频率学派的类型一错误（拒真）和类型二错误（存伪）。

虽然理论上贝叶斯因子的优点很多，但在实践中使用起来往往很困难。这是因为贝叶斯因子的计算需要对模型参数空间中所有参数进行积分，这无疑给计算带来巨大的挑战。尤其是当参数的维度较高时，会出现"维度诅咒"现象，甚至有时候无法计算。除了高维积分的困难，对于存在潜变量、似然函数无解析解、随机扰动呈非正态分布等较为复杂的模型，贝叶斯因子的计算也存在困难。

基于以上研究背景，我们知道贝叶斯因子是一个理想的模型选择工具，但是由于其计算困难，很难应用到实际模型中。尽管目前已经有许多计算贝叶斯因子的方法被提出，但已有方法要么需要复杂的抽样设计，要么需要简单但冗余的重复计算。目前尚没有一个既使得抽样简单易行，又可以让计算在短时间内高效完成的通用方法。因此，本书的研究主题就是如何进行贝叶斯因子的有效计算。

更进一步，众所周知，随着以移动互联网、物联网、工业互联网、云计算、人工智能等为标志性产业的数字经济时代的到来，大数据也渗透到了人们生活和生产的方方面面。在大数据时代背景下，贝叶斯因子拥有的优势和面临的挑战都被赋予了更丰富的内涵。

在优势方面。首先，在大样本条件下，贝叶斯因子具有的模型选择的一致性（consistency）有了现实条件的支撑。也就是说，随着样本量的增加，贝叶斯因子进行模型选择的犯错概率渐近降为零。实际上，随着数据的爆发式增长，近年来基于 p 值的假设检验方法受到一定的争议，这主要是因为基于演绎逻辑的 p 值不具有模型选择的一致性，总是存在一类犯错概率，从而导致学术界较为泛滥的 p 值操纵问题。实际上，Fisher（1925）

在提出将 p 值用于统计推断时就指出，p 值适用于小样本下的统计推断问题。相反，贝叶斯因子的一致性性质能够在一定程度上缓解大数据下的 p 值操纵问题。因此，作为 p 值的一个补充，在大数据时代，贝叶斯因子开始受到广泛的关注和重视（Harvey，2017；Dienes，2016；Johnson，2013；等等）。

其次，贝叶斯因子还可用于模型平均，降低模型风险。洪永森和汪寿阳（2021）强调，在大数据时代，模型不确定性变得格外重要。对于模型不确定性带来的模型风险，模型平均可能是最佳预测方法。而贝叶斯因子通过给出模型的后验概率，天然地提供了一种模型平均的权重选取方法，即贝叶斯模型平均。

在挑战方面，面对以大样本、高维度为主要特征的大数据，本就计算困难的贝叶斯因子，其传统方法的计算时间随着数据样本量的膨胀，成百上千倍地增加，使估计变得不稳定，甚至不可行，难以应用。

因此，开发一套更有效的贝叶斯因子计算方法，以便快速、稳定地估计贝叶斯因子，使其适应大数据的主要特征，能用于解决大数据下的假设检验、变量选择、模型比较、模型平均等统计推断问题，从而更高效、更稳健、更及时地提炼出大数据中的有效信息，指导现实生活，在新的时代下具有了新的意义。

与此同时，在已有文献中，大多相关的研究只注重贝叶斯估计算法的提出，忽略了算法的理论性质研究，进而忽略了算法应用过程中的潜在风险，以及自纠自查的理论原理支撑。本书不仅提出了计算上更有效率的贝叶斯因子估计方法，还对提出的估计量的理论性质进行了严格的证明，具有一定的理论价值。

最后值得一提的是，本书中提出的贝叶斯因子估计方法不仅可以应用到经济金融领域，还可以自然地拓展到其他领域。该方法可以作为一种通用的方法，用于解决其他科学领域（如自动化技术、医学、生物学等）的模型比较、模型平均问题。因此，本书的研究成果具有潜在的、广泛的应用前景。

第二节 贝叶斯因子的起源

模型选择在统计推断中是一个重要的话题，而在贝叶斯计量领域，最常用来进行模型选择的统计量是贝叶斯因子。贝叶斯因子由 Jeffreys 在 1935 年正式提出，并从 Kass 和 Raftery 在 1995 年的一篇综述性论文开始为人熟知（JASA，Web of Science 引用量已高达 13385 次），是贝叶斯计量领域最常用的统计量，可广泛用于解决假设检验、模型比较、变量选择、模型平均等统计推断问题。对于给定的观测数据 y，不失一般性，两个模型（分别记为 M_1、M_2）之间的贝叶斯因子被定义为

$$BF_{12} = \frac{p(y \mid M_1)}{p(y \mid M_2)} = \frac{\int_{\theta_1 \in \Omega_1} p(y \mid \theta_1) p(\theta_1 \mid M_1) \mathrm{d}\theta_1}{\int_{\theta_2 \in \Omega_2} p(y \mid \theta_2) p(\theta_2 \mid M_2) \mathrm{d}\theta_2} \tag{1-1}$$

其中：θ_1、θ_2 分别是模型 M_1、M_2 的参数，属于参数空间 Ω_1、Ω_2；$p(y \mid \theta_1)$、$p(y \mid \theta_2)$ 分别是两个模型的似然函数，$p(\theta_1 \mid M_1)$、$p(\theta_2 \mid M_2)$ 分别是两个模型下参数的先验概率密度函数。因此，两个模型之间的贝叶斯因子是该两个模型下观测值的边际似然之比。相应地，多个模型之间基于贝叶斯因子的比较，也就是选择边际似然最高的模型。这里的边际似然，指的是对每个模型下所有参数空间里的参数进行积分得到的结果，即这里的 $p(y \mid M_1)$、$p(y \mid M_2)$。边际似然衡量了模型对数据的拟合程度。在进行模型比较时，贝叶斯因子会选择边际似然最高的模型，因为观测数据在该模型下出现的概率密度最高，该模型对观测数据的解释力最强。

从贝叶斯因子的定义式不难看出，计算贝叶斯因子需要指定参数的先验信息。先验信息是指我们在观测到数据之前，对其背后产生机理的一个先验的判断。常见的先验信息可以来自理论建模、专家知识、历史经验、业内共识、个人偏好等。先验信息是一把双刃剑。一方面，在定义和计算贝叶斯因子的时候，需要指定模型参数的先验分布，并且该分布必须为一

个适当先验，即 $\int p(\theta)\,\mathrm{d}\theta = 1$。对于非适当先验，贝叶斯因子是不被正确定义的。另一方面，当存在有用的、正确的先验信息时，该先验信息可以被吸收进入边际似然，提升模型选择的效果。当然，如果是错误的先验信息，反而会干扰模型选择的表现。总之，贝叶斯因子中涵盖了先验信息。

进一步，由贝叶斯公式，令 $p(y) = p(y\mid M_1)p(M_1) + p(y\mid M_2)p(M_2)$ 为数据的边际分布，$p(M_1)$、$p(M_2)$ 为模型的先验概率，$p(M_1\mid y)$、$p(M_2\mid y)$ 为模型的后验概率，我们可以进一步推导出两个模型间贝叶斯因子的另一个表达式，

$$BF_{12} = \frac{p(y\mid M_1)}{p(y\mid M_2)} = \frac{\dfrac{p(M_1\mid y)p(y)}{p(M_1)}}{\dfrac{p(M_2\mid y)p(y)}{p(M_2)}} = \frac{\dfrac{p(M_1\mid y)}{p(M_2\mid y)}}{\dfrac{p(M_1)}{p(M_2)}} \qquad (1\text{-}2)$$

从定义式（1-2）可以看出，贝叶斯因子直观地把模型的先验判断转化为后验判断，即

$$BF_{12}\frac{p(M_1)}{p(M_2)} = \frac{p(M_1\mid y)}{p(M_2\mid y)}$$

最后，贝叶斯因子具有统计上的一致性。随着样本量的增大，如果模型 1 正确，则贝叶斯因子趋于无穷大；如果模型 2 正确，则贝叶斯因子趋于零。也就是说，贝叶斯因子能随着样本量的增大一致地选择到正确的模型，犯错的概率可以被降到零。

第三节　贝叶斯因子的应用

作为一种统计量，贝叶斯因子在许多科学领域有着广泛的应用。以"贝叶斯因子"为关键词，在中国知网进行学术期刊搜索，可以看到其涉及的学科多达 20 个，包括自动化技术、计算机软件及计算机应用、生物学、心理学、医学、天文学等。

在经济学领域，Geweke（2007）一篇顶级经济学期刊（AER）论文让

贝叶斯方法开始在主流经济研究中受到更多的重视。近年来，在经济、金融领域，以贝叶斯因子为代表的贝叶斯模型比较、模型平均方法日渐普及，且常见于国内外权威期刊。

贝叶斯因子进行模型选择的原理是支持观察值边际似然较大的模型。因此，一个自然的可选择阈值是 1，即 BF_{12} 大于 1，选择模型 1；BF_{12} 小于 1，选择模型 2。随着样本量的增大，如果模型 1 正确，则贝叶斯因子趋于无穷大；如果模型 2 正确，则贝叶斯因子趋于零。也就是说，贝叶斯因子能随着样本量的增大一致地选择到正确的模型，是一种常用的、重要的、科学的模型比较方法。

但在具体的应用中，这个默认阈值还不能够有效地指导我们的模型选择。

比如贝叶斯因子等于 0.99 或 1.01，基于默认阈值 1，这两个贝叶斯因子的计算结果会得到不同的结论。但由于数据的随机性扰动，我们更愿意相信这两个结果并没有足够的差别使得我们做出截然相反的判断。所以，在实践中，我们需要更加细化的贝叶斯因子准则来指导我们的选择。Jeffreys（1961）针对贝叶斯因子模型比较给出如下的参考准则，见表 1-1。

表 1-1　贝叶斯因子模型比较参考阈值

BF_{jk}	结论
$<\dfrac{1}{10}$	强烈支持模型 k
$\left(\dfrac{1}{10},\ \dfrac{1}{3}\right)$	一般支持模型 k
$\left(\dfrac{1}{3},\ 1\right)$	弱支持模型 k
$(1,\ 3)$	弱支持模型 j
$(3,\ 10)$	一般支持模型 j
>10	强烈支持模型 j

又如 Kass 和 Raftery（1995）针对贝叶斯因子进行假设检验（可看作一种特殊的模型选择问题，BF_{01} 代表在原假设和备择假设下的模型之间的

贝叶斯因子）给出如下的参考准则（见表1-2）。

表1-2　贝叶斯因子假设检验参考阈值

BF_{01}	结论
(1, 3)	无结论
(3, 20)	支持原假设
(20, 150)	强烈支持原假设
>150	选择原假设，否定备择假设

特别地，在当前的大数据时代下，贝叶斯因子进行模型选择具有以下几个明显的优势。

首先，贝叶斯统计推断是基于参数的后验分布进行的。因此，与频率学派方法基于参数优化不同，贝叶斯方法基于参数抽样。一方面，大数据以及复杂模型的出现让"参数优化"越来越困难；另一方面，计算机技术的进步让"参数抽样"越来越容易。近年来，大量专门进行贝叶斯分析的软件被开发出来，大都是开源免费使用，如 Bugs、WinBUGS、Stan、BayesX 等[①]。不仅如此，在常见的统计分析软件中，如 R、Python、Matlab、STAT、SAS等，都已嵌入了丰富的贝叶斯分析程序包，能够直接满足不同知识背景的学者对参数抽样、贝叶斯参数估计、假设检验、模型选择、变量预测等的需求。

其次，贝叶斯因子基于归纳逻辑，具有模型选择的一致性，可以将模型选择的犯错概率渐近降低至零。模型选择的一致性是指随着样本量的增加，选择到真实模型的概率趋于1。在大数据时代，一方面，样本量急剧增加，满足了一致性的前提条件；另一方面，样本量的增加使得小概率事件更容易发生、观测数据更容易包含极端值，因此以 p 值为代表的基于演绎逻辑进行的统计推断面临一定的争议（Valentin et al. , 2019；Fisher，1925；程开明、李泗娥，2019a、2019b 等），以贝叶斯因子为代表的基于归纳逻辑进行的统计推断产生需求（Harvey，2017；Bayarri et al. , 2016；

[①]　http://www.ksvanhorn.com/bayes/free-bayes-software.html.

Held and Ott，2016、2018；Vovk，1993；等等）。

最后，贝叶斯因子可用于贝叶斯模型平均，降低模型风险。贝叶斯因子给出的模型后验概率可以作为模型平均的权重，通过模型平均有效降低模型不确定性。模型平均也叫模型混合，是指针对同一数据集和建模目的，将多个模型的结果加权平均后使用，以降低仅仅依赖某单一模型带来的模型不确定性。洪永森和汪寿阳（2021b）认为，在大数据时代，统计分析将从参数不确定性过渡到模型不确定性，在模型不确定性条件下进行统计建模和统计推断是大数据统计分析的一个新方向。当存在数据杂糅或在不同状态下具有不同经济行为的情况时，模型平均可能是最佳预测方法。高磊等（2016）指出，贝叶斯模型平均和复杂数据分析方法相结合，可能成为大数据研究的新思路。

第四节 贝叶斯因子的困境

文献中对于贝叶斯因子的诟病主要存在两个方面。

首先是理论方面。贝叶斯因子的定义需要设定参数的先验分布，给建模增加了额外的负担。如果不存在信息先验，以模糊的先验信息代替，那么基于贝叶斯因子的假设检验问题会产生 JLB 悖论（Jeffreys‒Lindley‒Bartlett's paradox）。该悖论是指，在进行点零假设的假设检验时，如果对兴趣参数在备择假设下的先验分布采用模糊先验，那么随着模糊先验的方差趋于无穷，贝叶斯因子总是选择原假设，而无论原假设是否为真。对于这一理论难题，另一文献进行了一系列的研究。由于本书关注的是给定适当的先验分布下贝叶斯因子的计算问题，因此这里不再赘述贝叶斯因子的理论难题。

其次是计算方面。如前所述，贝叶斯因子的计算涉及边际似然的计算，通常是一个高维积分（因为需要对模型中所有参数进行积分，一般很普通的模型参数的个数也不会很少）。因此，贝叶斯因子的计算问题一直是相关文献中最受关注的话题之一。

在已有文献中，贝叶斯因子主要的计算方法可以大致归结为三种思路：一是直接采用近似的想法得到贝叶斯因子的近似值，如拉普拉斯近似方法；二是根据定义式（1-1），直接计算每个模型的边际似然，进而得到贝叶斯因子；三是根据定义式（1-2），通过抽样设计，直接得到模型的后验比率，再结合模型的先验比率信息，绕开边际似然的计算，间接得到贝叶斯因子。DiCiccio 等（1997）、Han 和 Carlin（2001）、Friel 和 Pettitt（2008）等对贝叶斯因子的计算进行了全面的比较和总结。在这里我们做一个简要的回顾，更具体的细节探讨和比较可以参见相关文章。

第一，蒙特卡罗平均法。为了估计贝叶斯因子中的边际似然，最简单的想法是蒙特卡罗积分，令 $p(\theta \mid M)$ 为模型 M 下的参数的先验分布，从定义式

$$p(y \mid M) = \int p(y \mid \theta, M) p(\theta \mid M) \, \mathrm{d}\theta$$

可以看出，边际似然是似然函数 $p(y \mid \theta, M)$ 在参数 θ 的先验空间上的期望。我们可以运用蒙特卡罗积分思想，从参数的先验分布 $p(\theta \mid M)$ 中抽出 J 个观测值 $(\theta^1, \theta^2, \cdots, \theta^J)$，根据大数定律，将边际似然估计为

$$p(y \mid M) \approx \frac{1}{J} \sum_{j=1}^{J} p(y \mid \theta^j, M)$$

但由于参数的先验往往比较模糊，方差较大，直接应用简单蒙特卡罗积分的估计效果往往很差，尤其当参数的维度很高时，数值积分的结果是很不精确的；并且这种方法完全无法利用观测样本的信息对于参数分布信息的贡献，计算效率很低。

一个改进的做法是利用重要性抽样，从另一个近似于先验分布但方差更小的候选分布中抽样，进行蒙特卡罗积分。具体来看，我们可以从候选分布 $q(\theta)$ 中抽出 J 个值 $(\theta^1, \theta^2, \cdots, \theta^J)$，从而计算边际似然：

$$p(y \mid M) = \int \frac{p(y \mid \theta, M) p(\theta \mid M)}{q(\theta)} q(\theta) \, \mathrm{d}\theta = \int p(y \mid \theta, M) w(\theta) q(\theta) \, \mathrm{d}\theta$$

$$p(y \mid M) \approx \frac{\sum_{i=1}^{J} w(\theta^j) p(y \mid \theta^j, M)}{\sum_{j=1}^{J} w(\theta^j)}$$

其中：$w(\theta) = \dfrac{p(\theta \mid M)}{q(\theta)}$，而 $\theta^j(j = 1, 2, \cdots, J)$ 是从候选分布 $q(\theta)$ 中抽出的样本。

Newton 和 Raftery（1994）提出的和谐平均数估计值［HM（Harmonious Mean）estimator］便是根据这个思想提出的。特别地，由于先验分布往往方差很大，从 $p(\theta \mid M)$ 中抽取参数来计算边际似然的效果很差，他们采用后验分布为候选分布，即 $q(\theta) = p(\theta \mid y) \propto p(y \mid \theta)p(\theta \mid M)$，则

$$w(\theta) = \frac{p(\theta \mid M)}{q(\theta)} = \frac{1}{p(y \mid \theta)}$$

于是我们可以从后验分布中抽取参数，得到边际似然估计即后验分布下似然函数的和谐平均数（HM）

$$p(\widehat{y \mid M}) = \frac{\sum_{j=1}^{J} w(\theta^j)p(y \mid \theta^j, M)}{\sum_{j=1}^{J} w(\theta^j)} = \left(\frac{1}{J} \sum_{j=1}^{J} \frac{1}{p(y \mid \theta^j, M)} \right)^{-1}$$

但该方法不稳定，因为似然函数值的倒数的方差可能很大，而且该方法容易受到极小值的影响。Gelfand 和 Dey（1994）提出了一个改进的做法，边际似然被估计为

$$p(\widehat{y \mid M}) = \left(\frac{1}{J} \sum_{j=1}^{J} \frac{p(\theta^j)}{p(y \mid \theta^j, M)p(\theta^j \mid y, M)} \right)^{-1}$$

该方法更加稳定，随着 J 的增大，边际似然估计值 $p(\widehat{y \mid M})$ 趋于真值。这个方法的难点在于找到一个协调函数，并且监控抽样值的稳定性。

第二，贝叶斯恒等式法。为保持符号的简洁性，当不引起符号的歧义时，我们省略模型 M 的标志，只关注给定模型下参数的先验分布 $p(\theta)$、后验分布 $p(\theta \mid y)$、似然函数 $p(y \mid \theta)$、边际似然函数 $p(y) = \int p(y \mid \theta)p(\theta)\mathrm{d}\theta$ 等项。该方法的核心思想在于，根据贝叶斯公式

$$p(\theta \mid y) = \frac{p(y \mid \theta)p(\theta)}{p(y)}$$

可以得到一个恒等式

$$p(y) = \frac{p(y \mid \theta)p(\theta)}{p(\theta \mid y)}$$

该恒等式对于任意的 θ 都成立，它把边际似然 $p(y)$ 表达成先验信息 $p(\theta)$、似然函数信息 $p(y \mid \theta)$ 与后验信息 $p(\theta \mid y)$ 的比值，并且与具体的 θ 值无关。因此，只要能够抽出后验参数（某个 θ），便可以间接计算出边际似然函数值。为了数值计算更稳定精确，一般选择某个 θ 使得在该点处的后验密度较大，记为 θ^*。所以我们有

$$\ln \widehat{p(y)} = \ln p(y \mid \theta^*) + \ln p(\theta^*) - \ln \widehat{p(\theta^* \mid y)}$$

根据该恒等式，只要能够估计出某点处的后验分布密度，就可以计算边际似然。一个简单的想法是拉普拉斯近似（泰勒展开原理），即用正态分布近似后验分布。如果用参数的贝叶斯估计量和方差-协方差矩阵估计量构建的正态分布，即 $N(\hat{\theta} \mid \hat{\theta}, \hat{\Sigma})$ 来近似后验分布的话，我们可以得到：

$$p(y) = \frac{p(\hat{\theta})p(y \mid \hat{\theta})}{N(\hat{\theta} \mid \hat{\theta}, \hat{\Sigma})} \approx (2\pi)^{\frac{d}{2}} |\hat{\Sigma}|^{-\frac{1}{2}} p(\hat{\theta})p(y \mid \hat{\theta})$$

但这种方法近似效果不好，而且当后验分布具有多个局部峰值时，这种近似更加不准确，且无法诊断。

基于类似的思想，Chib 于 1995 年提出一个根据吉布斯抽样的马尔可夫链蒙特卡罗结果（Gibbs Sampling MCMC Output）来估计后验密度，从而估计边际似然的方法。具体来说，假设参数空间被划分为不相互重叠的 q 个部分，记为 $(\theta_1, \theta_2, \cdots, \theta_q)$，则由条件概率公式可得

$$p(\widehat{\theta^* \mid y}) = p(\theta_1^*) \prod_{i=2}^{q} p(\theta_i^* \mid \theta_{i-1}^*, \theta_{i-2}^*, \cdots, \theta_1^*, y)$$

上式中每个因子又可被计算为

$$p(\theta_i^* \mid \theta_{i-1}^*, \theta_{i-2}^*, \cdots, \theta_1^*, y) = \frac{1}{J} \sum_{j=1}^{J} p(\theta_i^* \mid \theta_q^j, \theta_{q-1}^j, \cdots, \theta_{i+1}^j, \theta_{i-1}^*, \theta_{i-2}^*, \cdots, \theta_1^*, y)$$

其中：θ_m^j（$m = i+1, \cdots, q$）是第 m 个变量框里的第 j 个有效后验抽样点。

贝叶斯恒等式法易于理解和使用，但要求每个变量框的全条件概率密度有解析解，从而得到每个变量框在进行条件概率求解时的正则化常数，否则无法计算条件概率，对参数后验概率的估计也就无法进行。Chib 和

Jeliazkov（2001）拓展了此算法，运用类似的思想，从基于吉布斯抽样结果拓展为基于 MH（Metropolis-Hastings）抽样结果来计算边际似然。这样做的好处是 $p(\theta^*|y)$ 的估计不必要知道条件概率的解析形式，而直接依赖于 MH 抽样过程中的接受概率。这两种算法都需要对参数进行巧妙的划分，因此在参数维度比较高时应用难度会大幅增加。

第三，模型参数联合抽样法。这一类方法的估计思想是，把每个模型的指标参数 [即 k（$k=1,2,\cdots,M$），k 表示某一个模型] 也当作变量参与到抽样中，把每个模型的指标参数和模型自身的参数 [即 θ_k（$k=1,2,\cdots,M$），θ_k 表示第 k 个模型的参数] 结合起来。由贝叶斯公式

$$p(\theta_k\,|\,y,k) = \frac{p(y\,|\,\theta_k,k)p(\theta_k\,|\,k)}{\int p(y\,|\,\theta_k,k)p(\theta_k\,|\,k)\mathrm{d}\theta_k} = \frac{p(y\,|\,\theta_k,k)p(\theta_k\,|\,k)}{p(y\,|\,k)}$$

可得

$$p(\theta_k\,|\,y,k) \propto p(y\,|\,\theta_k,k)p(\theta_k\,|\,k)$$

若把模型指标 k 也当作参数，此时贝叶斯公式变为

$$p(\theta_k,k\,|\,y) = \frac{p(y\,|\,\theta_k,k)p(\theta_k\,|\,k)p(k)}{\iint p(y\,|\,\theta_k,k)p(\theta_k\,|\,k)p(k)\mathrm{d}\theta_k\mathrm{d}k}$$

$$= \frac{p(y\,|\,\theta_k,k)p(\theta_k\,|\,k)p(k)}{p(y)}$$

因此

$$p(\theta_k,k\,|\,y) \propto p(y\,|\,\theta_k,k)p(\theta_k\,|\,k)p(k) \propto p(\theta_k\,|\,y,k)p(k)$$

根据如上的核函数（Kernel Function），首先我们抽出有效的后验参数组 $(\theta_k^j,k^j)_{j=1}^{J}$，其次用某个模型被抽出的频率作为该模型的后验概率的估计值，即

$$p(M_k\,|\,y) = \frac{1}{J}\sum_{j=1}^{J}I(k^j = k)$$

其中：$I(\cdot)$ 为指示函数，$I(k^j = k) = \begin{cases} 1, & \text{若} k^j = k \\ 0, & \text{若} k^j \neq k \end{cases}$

最后我们便可以由先验信息和后验信息间接推断出贝叶斯因子，而不

用高维积分来计算边际似然。

对于具体的联合抽样实施，Carlin 和 Chib（1995）的做法是在所有参数和模型变量的复合空间中进行，即 $M \times \prod_{k \in M} \Theta_k$。可逆的跳跃马尔可夫链蒙特卡罗抽样（Reversible Jump Markov Chain Monte Carlo，RJMCMC；Green，1995），则是在并集空间 $M \times \cup_{k \in M} \Theta_k$ 中对联合参数 (k, θ_k) 进行后验抽样。后者在抽样时更加快捷，但是对抽样的设计要求更加精细和复杂，如对映射函数、候选分布等的选择，还需要考虑到不同模型参数的维度可能不同。

总之，模型参数联合抽样法虽然避免了边际似然的直接估计，但对抽样设计的要求更高，因此使用起来并不容易。

第四，模拟退火重要性抽样法。Neal（2001）提出退火重要性抽样法（Annealed Importance Sampling）并给出了该抽样下边际似然的估计方法。该抽样方法的思想是，通过一系列的分布，从一个先验分布抽样开始，慢慢转移到后验分布的抽样，即定义

$$p_{t_i}(\theta \mid y) = p(\theta)^{1-t_i} p(\theta \mid y)^{t_i}, 0 = t_0 < t_1 < \cdots < t_n = 1$$

在这种定义下，当 $t_i = 0$ 时，即从先验分布中抽样；当 $t_i = 1$ 时，即从后验分布中抽样。第 i 次分布可以作为第 $i+1$ 次抽样的候选分布，从而通过一系列的抽样，得到了完全的后验分布。此外，可以得到边际似然表达式

$$p(y) = \frac{\sum_{j=1}^{J} w^j}{J}$$

其中：$w^j = \dfrac{p_{t_0}(\theta_{t_0}) \, p_{t_1}(\theta_{t_1}) \cdots p_{t_{n-1}}(\theta_{t_{n-1}})}{p_{t_1}(\theta_{t_0}) \, p_{t_2}(\theta_{t_1}) \cdots p_{t_n}(\theta_{t_{n-1}})}$。

模拟退火重要性抽样算法依赖于一系列非独立的抽样，即每一次的抽样是依赖于前一次的结果，所需要的抽样时间长。由于每次抽样不独立，也不能进行并行计算，因此使用起来仍然比较困难。

第五，幂后验算法。Friel 和 Pettitt（2008）提出的幂后验算法，是目前相对而言易于使用且估计比较稳定的算法。我们将在第二章重点介绍它的估计原理。

简单来讲，该想法的巧妙之处在于，通过对似然函数的幂改造，把边际似然的高维度积分降低为对幂系数的一维积分，得到了简单且稳定的边际似然估计。与贝叶斯恒等式法相比，它不用进行参数空间的划分，不必知道某部分参数的全条件概率密度函数；与以 RJMCMC 为代表的模型参数联合抽样法相比，它具有更好的估计表现和稳定性，并且相对易于应用，更适合在高维参数下使用。与模拟退火重要性抽样法相比，幂后验算法下对边际似然的估计值由相互独立的一系列幂后验抽样结果决定，因此可以使用并行计算缩短计算时间。

但以上所提及的传统的幂后验方法仍然不够方便，还需要进行多次幂后验的抽样，这在模型比较复杂时往往很耗时；另外，此算法需要大量的似然函数计算工作，当似然函数很难计算或者样本量较大时，将会很耗时。尽管可以使用并行计算缩短计算时间，但计算的工作量并没有被实质性地降低。

第六，其他方法。前五个方法属于比较通用的贝叶斯因子计算方法，对于具体模型的限制比较少。除此之外，针对某些具体的、特殊的模型，也有一些贝叶斯因子的计算方法被开发出来。

比如，对于嵌套的模型选择，可以用 Savage‐Dickey 比率（Savage‐Dickey Density Ratio，SD 比值）计算贝叶斯因子（Dickey，1971）。假设大模型为 $p(y\,|\,\omega,\varphi,M_2)$，限制模型为

$$p(y\,|\,\varphi,M_1) \equiv p(y\,|\,\omega=\omega_0,\varphi,M_2)$$

并且有

$$p(\varphi\,|\,\omega=\omega_0,M_2) = p(\varphi\,|\,M_1)$$

那么贝叶斯因子可以被表达为

$$BF_{12} = \frac{p(\omega=\omega_0\,|\,y,M_2)}{p(\omega=\omega_0\,|\,M_2)} \approx \frac{J^{-1}\sum_{j=1}^{J} p(\omega=\omega_0\,|\,\varphi^j,y,M_2)}{p(\omega=\omega_0\,|\,M_2)},$$

$$\varphi^j \sim p(\varphi\,|\,y,M_2)$$

Verdinelli 和 Wasserman（1995）进一步拓展了 SD 比值，加入了一个矫正因子，即

$$BF_{12} = \frac{p(\omega = \omega_0 \mid y, M_2)}{p(\omega = \omega_0 \mid M_2)} E\left[\frac{p(\varphi)}{p(\varphi \mid \omega_0)}\right]$$

又如，彭家龙等（2007）给出了 AR 模型定阶的贝叶斯因子计算公式，并且同 AIC、BIC 准则的判断效果进行了比较，发现贝叶斯因子方法的判断效果优于 AIC。李勇和倪中新（2008）探讨了金融 ARCH 模型的贝叶斯检验和模型选择，给出了 ARCH 模型贝叶斯因子的计算方法。

可以看到，上文介绍的贝叶斯因子的计算可以分为三种思路，但这些思路和方法都有明显的缺点和不足，尤其是在大数据时代的背景下，这些传统的贝叶斯因子计算方法面临着很大的挑战。我们再次将每种方法的想法和局限性总结如下：

第一，近似估计法。只对贝叶斯因子进行粗略的近似，以避免直接估计贝叶斯因子的困难，比如用 BIC 准则（Schwarz，1978）近似、拉普拉斯近似等。但是，近似估计法只是对贝叶斯因子进行粗略估计，如果后续需要利用贝叶斯因子进行模型平均，较大的估计误差会影响模型平均的使用效果。并且，BIC 准则近似和拉普拉斯近似都需要计算极大似然估计量，这在数据量大、模型复杂的大数据时代变得越来越难。

第二，模型抽样法。利用贝叶斯因子与模型后验概率的关系 [式（1-2）]，先通过模型与参数联合抽样的方法得到模型后验概率的估计值，再间接计算贝叶斯因子。典型做法是采用可逆的跳跃马尔可夫链蒙特卡罗抽样（Green，1995）。但是，该方法对抽样设计的要求很高。在大数据时代，随着参数维度的增加、模型复杂程度的加深、数据量的加大，抽样设计变得更复杂，使用起来会越来越不容易。

第三，边际似然法。直接根据贝叶斯因子的定义 [边际似然的比值，式（1-1）]，先分别估计模型的边际似然，再得到相应的贝叶斯因子，是最常用的贝叶斯因子的估计方法。边际似然的计算涉及对模型的全参数积分，通常没有解析解，需要进行数值估计。有大量的研究专注于边际似然的估计问题，相关方法的综述可以参见 Llorente 等（2021）、Zhao 和 Severini（2017）、Ardia 等（2012）。比较著名的方法包括和谐平均数估计法（Newton and Raftery，1994）、贝叶斯恒等式法（Chib，1995；Chib and

Jeliazkov，2001）、模拟退火法（Neal，2001）、幂后验法（Friel and Pettitt，2008；Xie et al.，2011）、序列蒙特卡罗法（Sequential Monte Carlo，SMC；Herbst and Schorfheide，2015）等。在大数据时代，由边际似然的定义可知，样本量的增加、变量维度的上升、模型的复杂化等因素都会使得边际似然的估计难度大幅增加（见表1-3）。

表1-3 贝叶斯因子的估计方法（主要思路及代表性方法）

主要思路	代表性方法	优点	缺点/难点
近似估计法	BIC（Schwarz，1978）	计算简单，便于使用	近似误差大
	拉普拉斯近似	计算简单，便于使用	参数维度高时，近似效果不好，海瑟矩阵估计和求逆困难
模型抽样法	RJMCMC（Green，1995）	贝叶斯因子是模型抽样的副产品	抽样设计难度大，使用不方便
边际似然法	HM 估计量（Newton and Raftery，1994）	边际似然是参数后验抽样的副产品	估计结果不稳定，容易受到极小值影响
	Gibbs 抽样法（Chib，1995）	边际似然是参数后验Gibbs 抽样的副产品	要求模型参数具有全条件分布的解析形式，条件较为苛刻
	MH 抽样法（Chib and Jeliazkov，2001）	边际似然是参数后验MH 抽样的副产品	需要划分参数、设计抽样。在参数维度高时，使用不方便
	模拟退火法（Neal，2001）	使用方便，估计结果稳定	依赖于一系列非独立的抽样，无法并行计算，耗时长
	幂后验法（Friel and Pettitt，2008）（Xie et al.，2011）	使用方便，蒙特卡罗误差小	依赖于一系列的幂后验抽样，计算量大
	SMC 抽样法（Herbst and Schorfheide，2015）	边际似然是 SMC 抽样的副产品	依赖于一系列非独立的粒子迭代，计算量大

第五节　本书结构及相关数学符号说明

本书主体部分包含六章。第一章为绪论，阐述本书所研究的问题的现实背景和理论背景。第二章建立了幂后验的大样本定理，为基于幂后验的贝叶斯因子的计算打下了理论基础。第三章提出了两种基于幂后验和重要性抽样的贝叶斯因子计算方法，从算法设计、假设条件、理论性质和应用实例四个方面对新方法进行了阐释。第四章进一步基于幂后验、重要性抽样和泰勒展开提出了两种计算更加高效的贝叶斯因子的计算方法，同样从算法设计、假设条件、理论性质和应用实例四个方面进行了考察。第五章则是从实战的角度，详细介绍了本书所提出的方法在 R 语言中的具体有效实现，便于读者进一步掌握和使用我们提出的相关算法。最后一章是结论以及未来进一步深入研究的方向。附录中给出了本书所提出理论的详细证明，以及本书应用实例的实现代码。

由于正文内容中涉及许多复杂的公式和符号，对于接下来的内容，我们首先在这里将一些通用的符号进行定义和说明。在不引起歧义的情况下，当这些符号在后文出现时，我们不再对这些符号的含义进行赘述。

令 O、o、O_p、o_p、$\xrightarrow{p}$、$\xrightarrow{d}$、$\xrightarrow{L^2}$、$\sim$、$a := b$ 依次表示同阶、高阶无穷小、依概率同阶、依概率高阶无穷小、依概率收敛、依分布收敛、均值方差收敛、渐近等价及定义 a 为 b。令 $p(A)$ 表示事件 A 发生的概率，$p(\cdot)$ 为某个概率密度函数。令 $\| A \|$ 为向量 A 的欧氏范数，$vec(B)$ 表示将矩阵 B 的列拉直排列的向量化算子，$\otimes$ 表示克罗内克积，$\nabla_x^k f(x)$ 表示函数 $f(x)$ 对 x 的 k 阶导数。令观测数据为 $y = (y_0, y_1, y_2, \cdots, y_n)$，$\theta$ 为原始模型的参数。记原始模型的似然函数为 $p(y \mid \theta)$，令 $p(\theta)$ 和 $p(\theta \mid y)$ 分别表示参数的先验分布和后验分布。为了将原始后验分布的参数和幂后验分布的参数在符号上加以区分，我们令 θ_b 代表服从幂后验分布的参数，其中幂后验是对应于似然函数被幂化后的模型的参数后验分布；令 $p(\theta_b \mid y, b)$ 为幂后验

概率密度函数，即 $p(\theta_b \mid y,b) \propto p(y \mid \theta_b)^b p(\theta_b)$。同时，令 $p_A(\theta_b \mid y,b)$ 表示近似的幂后验概率密度函数。相应地，令 $\theta_{0,(j)}$、$\theta_{1,(j)}$、$\theta_{b,(j)}$、$\theta_{b,(j)}^{tr}$ 分别表示从分布 $p(\theta)$、$p(\theta \mid y)$、$p(\theta_b \mid y,b)$、$p_A(\theta_b \mid y,b)$ 中随机抽取的观测值。同时，令 $\mathrm{E}_0(X)$、$\mathrm{E}_{\theta \mid y}(X)$、$\mathrm{E}_{\theta_b \mid y,b}(X)$、$\mathrm{E}_A(X)$ 分别表示基于分布 $p(\theta)$、$p(\theta \mid y)$、$p(\theta_b \mid y,b)$、$p_A(\theta_b \mid y,b)$ 的 X 的期望，以及 $\mathrm{Var}_0(X)$、$\mathrm{Var}_{\theta \mid y}(X)$、$\mathrm{Var}_{\theta_b \mid y,b}(X)$、$\mathrm{Var}_A(X)$ 分别表示基于分布 $p(\theta)$、$p(\theta \mid y)$、$p(\theta_b \mid y,b)$、$p_A(\theta_b \mid y,b)$ 的 X 的方差。最后，令 I_q 表示 q 维的单位矩阵。

第二章
幂后验的定义及性质

第一节　后验分布及其伯恩斯坦–冯–米塞斯定理

在引入幂后验之前，我们首先对后验分布及其大样本定理，即伯恩斯坦–冯–米塞斯定理进行简要的介绍。后验分布的大样本定理，是贝叶斯计量经济学里非常重要且直观的一个定理。它描述了随着样本量的增加，后验分布的渐近分布形式。

记观测数据为 $y = (y_0, y_1, y_2, \cdots, y_n)$，模型的参数为 θ，维度为 q，参数空间为 Θ，即 $\theta \in \Theta \subseteq \mathrm{R}^q$。根据贝叶斯公式，该模型参数的后验分布为

$$p(\theta \mid y) = \frac{p(y \mid \theta) p(\theta)}{m(y)}$$

其中：$m(y)$ 为数据在模型下的边际似然，即 $m(y) = \int_{\Theta} p(y \mid \theta) p(\theta) \mathrm{d}\theta$。

进一步，对于 $0 \leqslant t \leqslant n$，记 $y^t = (y_0, y_1, \cdots, y_t)$，$l_t(\theta) = \ln p(y^t \mid \theta) - \ln p(y^{t-1} \mid \theta)$ 表示第 $t(1 \leqslant t \leqslant n)$ 个观测值的条件对数似然函数，$l_t^{(j)}(\theta)$ 表示 $l_t(\theta)$ 对 θ 的第 j 阶导数。因此，给定初值 y_0［不失一般性地，我们假设 $\ln p(y_0 \mid \theta) = 0$］，模型的对数似然函数及其各阶导数可以表示为

$$L_n(\theta) = \ln p(y \mid \theta) = \sum_{t=1}^{n} l_t(\theta) + \ln p(y_0 \mid \theta) = \sum_{t=1}^{n} l_t(\theta)$$

$$L_n^{(k)}(\theta) = \nabla_\theta^k \ln p(y \mid \theta) = \sum_{t=1}^{n} l_t^{(k)}(\theta)$$

再令 $\hat{\theta}$ 表示模型参数的极大似然估计量，令 $\Sigma_n = (-L_n^{(2)}(\hat{\theta}))^{-1}$，经典的伯恩斯坦–冯–米塞斯定理表明，随着样本量的增加，模型参数的后验

分布趋于以 $\hat{\theta}$ 为中心，以负的海塞矩阵的逆为方差-协方差矩阵的正态分布，即

$$\Sigma_n^{-1/2}(\theta - \hat{\theta}) \mid y \xrightarrow{d} N(0, I_q)$$

伯恩斯坦-冯-米塞斯定理说明，随着样本量的增加，数据信息越来越多，当数据信息多到足以忽略先验信息时，参数的后验分布实际上是围绕在参数的极大似然估计量附近的正态分布；即随着样本量的增加，贝叶斯估计量（参数的后验均值）依概率收敛于参数的极大似然估计量。伯恩斯坦-冯-米塞斯定理巧妙地将贝叶斯估计量和频率学派的极大似然估计量建立了联系。从大样本的角度看，贝叶斯估计量和频率学派的估计量并不矛盾，只是加入了先验信息。然而当先验信息足够模糊或者数据信息足够丰富时，两个学派的参数估计量是渐近等价的。

当然，这里只是比较简略地介绍了伯恩斯坦-冯-米塞斯定理的思想，感兴趣的读者如果想了解该定理的假设条件和严格的证明过程，可以参见 Schervish（2012）、Liu 等（2022）、Kleijn 和 van der Vaart（2012）、Muller（2013）、Gelman 等（2004）等文献。这些文献中，关于伯恩斯坦-冯-米塞斯定理的适用条件和收敛的强度稍有不同。比如，Gelman 等（2004）给出的后验分布收敛于正态分布的强度为依分布收敛，而 Schervish（2012）考虑的是参数的后验分布以总变差收敛到正态分布。但 Schervish（2012）假设了数据是独立同分布的，并且要求模型正确设定。Kleijn 和 van der Vaart（2012）及 Muller（2013）放松了模型正确设定的条件，证明了在模型误设情况下的伯恩斯坦-冯-米塞斯定理。Liu 等（2022）放松了数据的独立同分布假设，考虑了弱相关数据等。

在本书中，我们采用以总变差收敛的收敛强度。因此，伯恩斯坦-冯-米塞斯定理的严谨数学表达式为随着样本量的增加，对于任意小的 $\epsilon > 0$，我们有

$$\lim_{n \to \infty} P_0 \left(\sup_{B \subseteq A_n} (\mid \Pr(z_n \in B \mid y) - \Psi(B) \mid > \epsilon) \right) = 0$$

其中：$z_n = \Sigma_n^{-1/2}(\theta - \hat{\theta})$，$\theta$ 为来自后验分布的随机变量，即 θ 的概率密度函数为 $p(\theta \mid y)$。$A_n = \{z_n : \hat{\theta} + \Sigma_n^{1/2} z_n \in \Theta\}$ 是随机变量 z_n 的取值空间，B

是一个波尔集。$\Psi(B)$ 表示一个服从 q 维标准正态分布 $N_q(0, I_q)$ 的随机向量落在集合 B 的概率。

第二节　幂后验分布及其伯恩斯坦–冯–米塞斯定理

在上一节中，我们简要回顾了经典的伯恩斯坦–冯–米塞斯定理，它指出了后验分布的渐近分布。接下来，我们要给出一个重要理论结果，即幂后验分布的伯恩斯坦–冯–米塞斯定理（Li et al.，2023）。该定理可以指导我们提出第三章和第四章的改进的贝叶斯因子估计方法。

与参数原始的后验分布不同，一个参数的幂后验是指把模型的似然函数幂化后，再正则化得到的一个后验分布。用数学定义式表达为

$$p(\theta_b \mid y) = \frac{p(y \mid \theta_b)^b p(\theta_b)}{m(y \mid b)}$$

其中：b 为幂系数，介于 0 和 1 之间。$m(y \mid b)$ 为数据在幂化后的模型下的边际似然，即 $m(y \mid b) = \int_{\Theta} p(y \mid \theta_b)^b p(\theta_b) \mathrm{d}\theta_b$。可以看到，幂化后的模型即对应着原始模型似然函数的幂化。

首先，我们给出一些常规的假设条件。需要注意的是，由于在本章中，我们探讨的是后验分布或幂后验分布的大样本定理（需要样本量 n 趋于无穷），因此和伯恩斯坦–冯–米塞斯定理的相关文献一样，我们的分析是在频率学派的语境中进行的；即我们假设有一个参数化的、固定的、真实的数据生成过程，并且观测到了来自这个真实数据生成过程的 n 个值，这些观测值具有随机性，其随机性来自数据真实的分布。

令 θ^0 为参数的拟真值，即使得模型和数据的真实产生过程的 KL 散度最小的参数值。其数学定义式为

$$\theta^0 = \arg\min_{\theta \in \Theta} \int \ln \frac{p_0(y)}{p(y \mid \theta)} p_0(y) \mathrm{d}y$$

其中：$p_0(y)$ 是观测数据 y 的真实概率密度。P_0 表示真实数据产生过程的

分布。通过定义模型参数的拟真值，我们这里不要求模型必须是正确设定的，$p_0(y)$ 和 $p(y\mid\theta)$ 可以不相同，即允许存在模型误设问题。

假设 1（A1）：模型参数的拟真值 θ^0 是紧参数空间 Θ 的一个内点。

假设 2（A2）：$\{y_t\}_{t=1}^{\infty}$ 满足强混合条件，其中混合系数 $\alpha(m) = O$ $(m^{\frac{-2r}{r-2}-\varepsilon})$，$\varepsilon$ 是一个正数，$r>2$。

假设 3（A3）：对每一期 t，$l_t(\theta)$ 在参数空间 Θ 上几乎必然三次连续可导。

假设 4（A4）：对于 $j=0,1,2$，以及任意的 θ，$\theta' \in \Theta$，$\parallel l_t^{(j)}(\theta) - l_t^{(j)}(\theta') \parallel \leqslant c_t^j(y^t) \parallel \theta-\theta' \parallel$ 依概率为 1 成立。其中：$c_t^j(y^t)$ 是一个正的随机变量，满足 $\sup_t E\parallel c_t^j(y^t)\parallel < \infty$，并且 $\dfrac{1}{n}\sum_{t=1}^{n}(c_t^j(y^t) - E(c_t^j(y^t))) \xrightarrow{P_0} 0$。$P_0$ 表示真实数据产生过程的分布。

假设 5（A5）：对于 $j=0,1,2$，存在函数 $M_t(y^t)$ 使得对于所有的 $\theta\in\Theta$，$l_t^{(j)}(\theta)$ 存在且 $\sup_{\theta\in\Theta}\parallel l_t^{(j)}(\theta)\parallel \leqslant M_t(y^t)$，并且存在 $\delta > 0$ 使得 $\sup_t E\parallel M_t(y^t)\parallel^{r+\delta} \leqslant M < \infty$。这里 r 的含义和假设 2 相同。

假设 6（A6）：$\{l_t^{(j)}(\theta)\}$ 在参数空间上一致地为 L2 近时期相关（L2-near epoch dependent）。当 $j=0,1$，规模参数为 -1；当 $j=2$，规模参数为 $-1/2$。

假设 7（A7）：对任意 $\delta>0$，以及以 δ 为半径围绕 θ^0 形成的开球 $N_0(\delta)$ $\subseteq\Theta$，存在 $K(\delta) > 0$，使得

$$\lim_{n\to\infty} P_0\left(\sup_{\theta\in\Theta\backslash N_0(\delta)} \lambda_n[L_n(\theta) - L_n(\theta^0)] < -K(\delta)\right) = 1$$

其中：λ_n 是 $n\Sigma_n = \left[-\dfrac{1}{n}L_n^{(2)}(\hat\theta)\right]^{-1}$ 的最小特征值，P_0 是真实数据产生过程的分布。

假设 8（A8）：对任意的 $\epsilon > 0$，存在 $\delta(\epsilon) > 0$，使得

$$\lim_{n\to\infty} P_0\left(\sup_{\theta\in N_0(\delta(\epsilon)),\,\parallel r_0\parallel=1} \mid 1 + r_0'\Sigma_n^{1/2}L_n^{(2)}(\theta)\Sigma_n^{1/2}r_0\mid < \epsilon\right) = 1$$

其中：r_0 是一个 q 维向量。

假设 9（A9）：矩阵序列 $\mathrm{E}\left[-\dfrac{1}{n}L_n^{(2)}(\theta^0)\right]$ 一致为正定矩阵。

假设 10（A10）：先验概率密度 $p(\theta)$ 在参数空间 Θ 上连续且 $0 < p(\theta^0) < +\infty$。

以上假设都是一些常规性假设。假设 1 是紧集假设，且允许存在模型误设问题。假设 2 允许数据中有弱相关。假设 3 是连续可导条件。假设 4 是 l_t 的李普希兹条件，来保证对于相关和有异质性的随机过程可以使用一致的大数定律。假设 5 是关于 l_t 的占优条件。假设 6 允许 l_t 有弱相关。假设 7 是识别条件，即依概率为 1，在拟真值的小邻域以外的参数空间中，可以得到的似然函数的上界也比拟真值处的似然函数小，保证了拟真值的可识别性。假设 8 是平滑条件，即依概率为 1，在拟真值的小邻域内，各个参数点处取值的海塞矩阵是足够靠近、足够平滑的。假设 9 是关于信息矩阵的标准条件。假设 10 是关于先验分布的标准条件。

另外，对于幂化后的模型，我们在定义其极大似然估计量时不难发现，$\hat{\theta}_b = \underset{\theta \in \Theta}{\arg\min}\ln\left(p\left(y \mid \theta_b\right)^b\right) = \underset{\theta \in \Theta}{\arg\min}b\ln p\left(y \mid \theta_b\right) = \underset{\theta \in \Theta}{\arg\min}b\ln p\left(y \mid \theta\right) = \hat{\theta}$，进一步有

$$\Sigma_n = \left(-L_n^{(2)}(\hat{\theta})\right)^{-1} = \left(-L_n^{(2)}(\hat{\theta}_b)\right)^{-1}$$

在以上条件下，我们给出幂后验分布的伯恩斯坦-冯-米塞斯定理。

定理 2-1：在 A1 ~ A10 下，对于某个幂系数 $b \in (0,1]$，令 $z_{nb} = (b^{-1}\Sigma_n)^{-1/2}(\theta_b - \hat{\theta})$，其中 θ_b 为来自幂系数为 b 的幂后验分布的随机变量，即 θ_b 的概率密度函数为 $p(\theta_b \mid y, b)$。令 $A_{nb} = \{z_{nb}: \hat{\theta} + (b^{-1}\Sigma_n)^{1/2}z_{nb} \in \Theta\}$ 表示随机变量 z_{nb} 的取值空间，$B \subseteq A_{nb}$ 是一个波尔集。$\Psi(B)$ 表示一个服从 q 维标准正态分布 $N_q(0, I_q)$ 的随机向量落在集合 B 的概率。那么，对于任意的 $\epsilon > 0$，

$$\lim_{n \to \infty} P_0\left(\sup_{B \subseteq A_{nb}}\left(\left|\Pr(z_{nb} \in B \mid y, b) - \Psi(B)\right| > \epsilon\right)\right) = 0$$

关于定理 2-1 的详细证明，我们在本书的附录 1 中给出。从定理 2-1 可以看出，对于给定幂系数 b 的某个幂后验 $p(\theta_b \mid y, b)$，在经过一个微小的变换以后，也渐近收敛于正态分布。这个良好的性质启发我们，幂后验

分布和后验分布之间具有潜在的联系，这个联系可以帮助我们提出第三章和第四章的改进算法，大大提高传统的基于幂后验的贝叶斯因子的计算方法的计算效率。在提出改进算法之前，我们先在下一节介绍传统的基于幂后验的边际似然（贝叶斯因子）的算法。

第三节　基于幂后验的边际似然的传统算法

再次回顾幂后验的定义，对于给定的观测数据和模型，对于任意幂系数 $b \in [0,1]$，我们可以定义相应的幂后验为

$$p(\theta_b \mid y) = \frac{p(y \mid \theta_b)^b p(\theta_b)}{m(y \mid b)}$$

$$m(y \mid b) = \int_{\Theta} p(y \mid \theta_b)^b p(\theta_b) d\theta_b$$

仔细观察幂后验的形式，不难发现，当 $b = 0$，我们有幂化后的边际似然 $m(y \mid b = 0) = \int_{\Theta} p(\theta_b) d\theta_b = 1$，而此时幂后验退化为参数的先验分布，即

$$p(\theta_b \mid y, b = 0) = p(\theta_b)$$

而在另一端点，当 $b = 1$，我们有幂化后的边际似然等于原模型的边际似然，即

$$m(y \mid b = 1) = \int_{\Theta} p(y \mid \theta_b) p(\theta_b) d\theta_b = \int_{\Theta} p(y \mid \theta) p(\theta) d\theta = m(y)$$

而此时幂后验分布恰好等于原始的后验分布，即

$$p(\theta_b \mid y, b = 1) = \frac{p(y \mid \theta_b) p(\theta_b)}{m(y \mid b = 1)} = \frac{p(y \mid \theta) p(\theta)}{m(y)} = p(\theta \mid y)$$

当 b 介于 0 和 1 之间时，相应的幂后验则介于先验分布和后验分布之间。也就是说，随着 b 慢慢从 0 增加到 1，幂后验逐渐从先验分布变为后验分布。所以幂后验的引入，本质上是通过对似然函数进行幂化（注意到 $b<1$），从而给数据信息打了不同程度的"折扣"，使得先验信息逐渐吸收数据信息，从而逐渐靠近后验分布。幂后验的这种良好的性质，使得它可

以很灵活地在先验分布和后验分布之间游走。将 $[0,1]$ 区间分割为很多小份，可以使我们搭建起一系列的幂后验分布，作为连接先验分布和后验分布的桥梁，平滑先验分布和后验分布的距离，从而很稳定地进行边际似然的估计，进一步得到贝叶斯因子的估计。

在文献中，有两种基于幂后验的算法被提出用于边际似然的计算。下文进行简要介绍。第一种是 Friel 和 Pettitt（2008）中提出来的 TI 算法。

注意到

$$m(y \mid b = 1) = \int_{\Theta} p(y \mid \theta_b) p(\theta_b) \mathrm{d}\theta_b = \int_{\Theta} p(y \mid \theta) p(\theta) \mathrm{d}\theta = m(y)$$

$$m(y \mid b = 0) = \int_{\Theta} p(\theta_b) \mathrm{d}\theta_b = 1$$

则

$$\ln m(y \mid b = 1) = \ln m(y), \ \ln m(y \mid b = 0) = 0$$

同时通过简单的几步推导可以发现，$\ln m(y \mid b)$ 的一阶导 [记为 $u(b)$] 的表达式为

$$u(b) := \frac{\partial \ln m(y \mid b)}{\partial b} = \frac{1}{m(y \mid b)} \frac{\partial m(y \mid b)}{\partial b}$$

$$= \int_{\Theta} \frac{\partial \ln p(y \mid \theta_b)^b}{\partial b} \frac{p(y \mid \theta_b)^b p(\theta_b)}{m(y \mid b)} \mathrm{d}\theta_b$$

$$= \int_{\Theta} \ln p(y \mid \theta_b) \frac{p(y \mid \theta_b)^b p(\theta_b)}{m(y \mid b)} \mathrm{d}\theta_b$$

$$= \int_{\Theta} \ln p(y \mid \theta_b) p(\theta_b \mid y, b) \mathrm{d}\theta_b$$

$$= \mathrm{E}_{\theta_b \mid y, b} \ln p(y \mid \theta_b)$$

即 $\ln m(y \mid b)$ 的一阶导 [$u(b)$] 是给定幂系数 b 的幂后验下，对数似然函数的期望。进一步，我们可以得到

$$\ln m(y) = \ln m(y \mid b = 1) - \ln m(y \mid b = 0) = \int_0^1 u(b) \mathrm{d}b$$

至此，在幂后验的定义下，模型的边际似然函数从一个需要将参数进行高维积分的问题，简化为对幂系数 $b \in [0,1]$ 的一个一维积分，从而大大降低了计算难度。并且被积函数 $u(b)$ 是给定幂系数 b 的幂后验下，对数似

然函数的期望，通过取对数，$u(b)$ 的数值量级被大大降低，从而使计算的稳定性得到增强。

当然，通常情况下，这个一维积分及 $u(b)$ 都不存在解析解，所以 Friel 和 Pettitt（2008）建议分别采用梯形法则数值积分法和蒙特卡罗积分法对 $\int_0^1 u(b)\,\mathrm{d}b$ 和 $u(b)$ 进行数值计算。

首先，将区间 $[0,1]$ 分割为 S 份，记分割点为 $b_s = (s/S)^c, s = 0,1,2,\cdots,$ S，c 为大于等于 1 的常数，控制着这些分割点在区间 $[0,1]$ 内的分布情况。当 c 大于 1 时，有更多的分割点被分布到 0 附近；反之，更多的分割点被分布到 1 附近。根据梯形法则，上述一维积分的近似估计值为

$$\ln \hat{m}(y) = \sum_{s=0}^{S-1} (b_{s+1} - b_s) \frac{\hat{u}(b_{s+1}) + \hat{u}(b_s)}{2}$$

根据蒙特卡罗积分方法，$u(b)$ 被估计为

$$\hat{u}(b_s) = \frac{1}{J} \sum_{j=1}^{J} \ln p(y \mid \theta_{b_{s,(j)}})$$

其中：$\theta_{b_{s,(j)}}$，$j = 1,2,\cdots,J$ 是从给定幂系数 b 的幂后验中抽出的参数值。我们把 TI 算法归纳如下：

TI 算法估计边际似然

（1）确定算法参数 S、J、c。

（2）在区间 $[0,1]$ 中，依次选取一系列分割点 $\{b_s = (s/S)^c\}_{s=0}^{S}$ 满足

$$b_0 = 0 < b_1 < b_2 < \cdots < b_S = 1, \ c > 1。$$

（3）对于每个分割点 b_s，进行幂后验抽样，即从幂后验分布 $p(\theta \mid y, b_s)$ 中抽取参数的幂后验样本 $\theta_{b_{s,(j)}}$，$j = 1,2,\cdots,J$。

（4）对于每个切割点 b_s，估计 $u(b_s)$ 为

$$\hat{u}(b_s) = \frac{1}{J} \sum_{j=1}^{J} \ln p(y \mid \theta_{b_{s,(j)}})$$

（5）采用梯形法则数值积分法，估计对数边际似然为

$$\ln \hat{m}(y) = \sum_{s=0}^{S-1} (b_{s+1} - b_s) \frac{\hat{u}(b_{s+1}) + \hat{u}(b_s)}{2}$$

特别地，由于在 0 附近的幂后验分布比较接近先验分布，往往比较分散，因此 $\hat{u}(b_s)$ 较小且方差较大，所以 Friel 和 Pettitt（2008）建议使用 $c>1$，如 $c=3$、$c=5$，从而令更多的分割点分散到 0 附近，降低梯形法则数值积分的离散误差。另外，对于 S 的选择，他们通过具体的数值实验建议把 S 设定在 20~100。

第二种基于幂后验的边际似然算法是 Xie 等（2011）提出的 SS 算法。同样是基于幂后验，他们构造边际似然估计量的方式是从如下的一个恒等式出发

$$m(y) = \frac{m(y \mid b=1)}{m(y \mid b=0)} = \prod_{s=0}^{S-1} \frac{m(y \mid b_{s+1})}{m(y \mid b_s)} = \prod_{s=0}^{S-1} r(b_s)$$

其中

$$r(b_s) = \frac{m(y \mid b_{s+1})}{m(y \mid b_s)} = \frac{\int_\Theta p(y \mid \theta_{b_{s+1}})^{b_{s+1}} p(\theta_{b_{s+1}}) \mathrm{d}\theta_{b_{s+1}}}{m(y \mid b_s)}$$

$$= \int_\Theta \frac{p(y \mid \theta_{b_{s+1}})^{b_{s+1}}}{p(y \mid \theta_{b_{s+1}})^{b_s}} \frac{p(y \mid \theta_{b_{s+1}})^{b_s} p(\theta_{b_{s+1}})}{\int_\Theta p(y \mid \theta_{b_{s+1}})^{b_s} p(\theta_{b_{s+1}}) \mathrm{d}\theta_{b_{s+1}}} \mathrm{d}\theta_{b_{s+1}}$$

$$= \int_\Theta p(y \mid \theta_{b_s})^{b_{s+1}-b_s} p(\theta_{b_s} \mid y, b_s) \mathrm{d}\theta_{b_s}$$

$$= \int_\Theta \exp[(b_{s+1} - b_s) \ln p(y \mid \theta_{b_s})] p(\theta_{b_s} \mid y, b_s) \mathrm{d}\theta_{b_s}$$

由此，基于幂后验，SS 算法将边际似然的估计分解为估计每一个 $r(b_s)$。通常情况下，$r(b_s)$ 也没有解析解，可以通过蒙特卡罗积分法将其估计为

$$\hat{r}(b_s) = \frac{1}{J} \sum_{j=1}^{J} \exp[(b_{s+1} - b_s) \ln p(y \mid \theta_{b_s,(j)})]$$

其中：$\theta_{b_s,(j)}$，$j=1,2,\cdots,J$ 是从给定幂系数 b 的幂后验中抽出的参数值。由于 $r(b_s)$ 的量级是似然函数本身，为了提高数值计算的稳定性，我们可以将 $\hat{r}(b_s)$ 等价变换为

$$\hat{r}(b_s) = \frac{1}{J} \sum_{j=1}^{J} \exp[(b_{s+1} - b_s)(\ln p(y \mid \theta_{b_s,(j)}) - \bar{L}_{b_s}) + (b_{s+1} - b_s)\bar{L}_{b_s}]$$

$$= \exp[(b_{s+1} - b_s)\bar{L}_{b_s}] \left\{ \frac{1}{J} \sum_{j=1}^{J} \exp[(b_{s+1} - b_s)(\ln p(y \mid \theta_{b_s,(j)}) - \bar{L}_{b_s})] \right\}$$

其中：$\overline{L}_{b_s} = \max\limits_{j \in \{1,2,\cdots,J\}} \ln p\left(y \mid \theta_{b_s,(j)}\right)$。

在得到每一个 $\hat{r}(b_s)$ 后，边际似然的对数值被估计为

$$\ln \hat{m}(y) = \sum_{s=0}^{S-1} \ln \hat{r}(b_s)$$

我们把 SS 算法归纳如下：

SS 算法估计边际似然

（1）确定算法参数 S、J、c。

（2）在区间 $[0,1]$ 中，依次选取一系列分割点 $\{b_s = (s/S)^c\}_{s=0}^{S}$ 满足

$$b_0 = 0 < b_1 < b_2 < \cdots < b_S = 1,\ c \geqslant 1。$$

（3）对于每个分割点 b_s，进行幂后验抽样，即从幂后验分布 $p(\theta \mid y, b_s)$ 中抽取参数的幂后验样本 $\theta_{b_s,(j)}$，$j = 1, 2, \cdots, J$。

（4）对于每个切割点 b_s，估计 $r(b_s)$ 为

$$\hat{r}(b_s) = \exp\left[\,(b_{s+1} - b_s)\,\overline{L}_{b_s}\,\right]$$

$$\left\{\frac{1}{J}\sum_{j=1}^{J} \exp\left[\,(b_{s+1} - b_s)\left(\ln p(y \mid \theta_{b_s,\,(j)}) - \overline{L}_{b_s}\right)\,\right]\right\}$$

（5）估计对数边际似然为

$$\ln \hat{m}(y) = \sum_{s=0}^{S-1} \ln \hat{r}(b_s)$$

在本节的最后，我们对 TI、SS 两种算法进行简要的评述。

第一，两种算法都需要对每一个 b_s 进行幂后验的抽样，即总共进行 $S+1$ 次抽样。一般来讲，哪怕只是进行一次抽样都需要耗费较长的时间。而 TI、SS 算法需要抽样 $S+1$ 次，无疑大大拉长了计算所需的时间。

第二，我们对两种算法的误差来源做一个简要的分析。对于 TI 算法来说，最终给出的对数边际似然的估计量有两个误差来源：第一个是估计误差，即使用蒙特卡罗方法估计 $u(b_s)$ 时引入的误差；第二个是离散误差，即使用梯形法则进行数值积分时引入的误差。对于估计误差，可以通过增加幂后验抽样的个数 J 来降低；而对于离散误差，可以通过增加分割点的个数 S 来降低。但是，增加 J 和 S 都会额外增加计算负担。对于 SS 算法来

说，它的误差来源只有估计误差，即使用蒙特卡罗方法估计 $r(b_s)$ 时引入的误差。同样，这个误差可以通过增加幂后验抽样的个数 J 来降低，相应地，代价就是更长的计算时间。

第三，对比两种算法可以看到，TI 算法的优势是在对数似然的量级上进行数值计算，因此 TI 算法在实际操作中会更加稳定。但 TI 算法相比 SS 算法，多了一个离散误差的来源。而 SS 算法是在似然函数本身的量级上进行计算，在数值稳定上不具有优势。注意到，SS 算法给出的边际似然的估计量是边际似然的无偏估计。取对数以后，虽然 SS 算法给出的对数边际似然的估计量对对数边际似然是有偏的，但这个偏误可以随着 S 的增加而降低。因此，虽然 SS 算法没有离散误差（因此不需要取较大的 S），但实际上取较大的 S 也会提高 SS 算法的表现。

第四，我们再从代码编写实现的角度对两种算法的实用性进行讨论。注意到，幂后验分布通常是非标准的分布，因此从幂后验分布中进行抽样往往需要额外的代码编写工作。例如，当模型假设了 t 分布，为了从参数的后验分布中抽样，通常我们把 t 分布表示为正态–伽马混合分布，从而使用吉布斯抽样方法，从参数的后验分布中抽取参数值。但是，将模型幂化处理后，对于幂化后的似然函数，t 分布不能再被表示为正态–伽马混合分布，导致后验分布可以使用的抽样技术不再适用于幂后验。因此需要另外再设计幂后验的抽样方法。又如，对于常用的贝叶斯抽样软件 WinBUGS，其使用方法是通过指定模型的分布和参数的分布，让 WinBUGS 自动抽样。WinBUGS 内嵌了常用的标准分布，对于不熟悉贝叶斯理论的研究人员来说，也可以很方便地使用该软件进行参数抽样和贝叶斯分析。但是，幂后验分布往往无法用标准的分布来表达，因此使用 WinBUGS 软件来进行幂后验抽样也会更加困难（也可以用，但是需要自己在 WinBUGS 的"模型"文件中编写幂化后的似然函数）。因此，虽然 TI 算法和 SS 算法理论上很简捷，但是实际使用起来，还是会有不小的代码编写负担。

最后需要指出的是，虽然在文献中，这两种算法已经广泛用于边际似然的估计，也能够得到较为可靠的估计结果，但是目前文献中尚没有对算法的理论性质进行严格的证明。本书给出了一个证明的理论框架，从理论上证明相关算法给出的对数边际似然估计量的一致性。

第三章

贝叶斯因子计算：
基于幂后验和重要性抽样的改进算法

第一节　TI-LWY 算法

回顾第二章关于后验分布和幂后验分布的伯恩斯坦-冯-米塞斯定理，即随着样本量 n 的增加，我们有在 P_0 下 $\Sigma_n^{-\frac{1}{2}}(\theta - \hat{\theta}) \mid y$ 以总变差收敛到 $N_q(0, I_q)$，其中：θ 是服从后验分布的随机变量。同时，随着样本量 n 的增加，我们还有在 P_0 下 $\sqrt{b}\, \Sigma_n^{-\frac{1}{2}}(\theta_b - \hat{\theta}) \mid y$，$b$ 以总变差收敛到 $N_q(0, I_q)$，其中：θ_b 是服从给定幂系数为 b 的幂后验分布的随机变量。

对比两个收敛结论可以发现，后验分布和幂后验分布具有潜在的转换关系，因此，我们可以用后验分布的一个线性变换去近似幂后验分布，从而节约从幂后验进行反复抽样的负担。特别地，对于任意的 $b \in (0, 1]$，令

$$\theta_b = \frac{1}{\sqrt{b}}(\theta - \bar{\theta}) + \bar{\theta}$$

其中：θ 是服从后验分布的随机变量，$\bar{\theta} = \int_{\Theta} \theta p(\theta \mid y)\mathrm{d}\theta$ 是 θ 的后验均值。记转换得到的 θ_b 的概率密度函数为 $p_A(\theta_b \mid y, b)$，利用 $p(\theta \mid y)$ 的表达式，同时根据变量 θ 与 θ_b 的转换规则，我们可以写出 $p_A(\theta_b \mid y, b)$ 的表达式

$$p_A(\theta_b \mid y, b) = p(\theta \mid y)\left| \frac{\partial \theta}{\partial \theta_b} \right| = p(\theta \mid y)\, b^{\frac{q}{2}}$$

其中：$\theta = \sqrt{b}(\theta_b - \bar{\theta}) + \bar{\theta}$。

根据后验分布和幂后验分布的伯恩斯坦–冯–米塞斯定理，$p_A(\theta_b \mid y, b)$ 和 $p(\theta_b \mid y, b)$ 收敛于同一个正态分布。因此，当样本量 n 比较大或足够大时，$p_A(\theta_b \mid y, b)$ 可以良好地近似 $p(\theta_b \mid y, b)$。那么，从 $p_A(\theta_b \mid y, b)$ 中随机抽取的参数值就可以作为对从 $p(\theta_b \mid y, b)$ 中随机抽取的参数值的近似。因此，为了得到从幂后验分布中抽取的参数值，我们可以使用来自 $p_A(\theta_b \mid y, b)$ 分布中的参数抽样值，而不用反复地从幂后验 $p(\theta_b \mid y, b)$ 中直接抽取。注意到，$p_A(\theta_b \mid y, b)$ 分布中抽取的参数观测值是后验分布中抽取的参数值的一个线性变换。记 $\theta_{b,(j)}^{tr} (j = 1, 2, \cdots, J)$ 为来自近似幂后验分布 $p_A(\theta_b \mid y, b)$ 的观测值，那么我们有

$$\theta_{b,(j)}^{tr} = \frac{1}{\sqrt{b}} (\theta_{1,(j)} - \overline{\theta_J}) + \overline{\theta_J}, \overline{\theta_J} = \frac{1}{J} \sum_{j=1}^{J} \theta_{1,(j)}$$

其中：$\theta_{1,(j)}$ 为来自后验分布的参数抽样。

下面，我们将基于幂后验的近似分布提出新的边际似然估计算法。在引入新的算法之前，需要先说明一个很小但很重要的细节。注意到，在线性变换 $\theta_b = \frac{1}{\sqrt{b}}(\theta - \overline{\theta}) + \overline{\theta}$ 中，θ 和 θ_b 的参数空间可能不一样了。也就是说，该线性变换无法保证 θ 和 θ_b 落在同一个参数空间，这会给我们的算法设计带来麻烦。例如，精度参数 h（方差的导数）必须大于 0，但是经过上述线性变换得到的 h_b 有可能出现负值，则此时近似幂后验下的精度参数 h_b 是不被正确定义的。这本质上是一个参数边界问题，在文献中也很常见。为了解决这个问题，这里我们提出首先对原参数 θ 做一个重参数化，使得新参数的参数空间与原参数的参数空间相同。令重参数化后的参数 $\phi = g^{-1}(\theta)$，其中 $g^{-1}(\cdot): \Theta \to \Phi$ 是从 θ 到 ϕ 的一个一一映射函数，$\Phi = g^{-1}(\Theta)$ 是新参数 ϕ 的参数空间。令 $p_\phi(\phi)$、$p_\phi(y \mid \phi)$、$p_\phi(\phi \mid y)$、$p_\phi(\phi_b \mid y, b)$、$p_{A\phi}(\phi_b \mid y, b)$、$m_\phi(y)$、$m_\phi(y \mid b)$ 分别代表重参数化后的先验概率密度函数、似然函数、后验概率密度函数、幂后验概率密度函数、近似幂后验概率密度函数、边际似然、幂边际似然。重参数化后，ϕ 满足对于任意的 $b \in (0, 1]$，对于线性变换 $\phi_b = \frac{1}{\sqrt{b}}(\phi - \overline{\phi}) + \overline{\phi}$，满足 $\phi_b \in$

Φ，其中 $\overline{\phi} = \int_{\Phi} \phi\, p_{\phi}(\phi \mid y)\mathrm{d}\phi$。

一个简单的做法是把原参数变换到一个完备的参数空间，如整个实数域。那么基于新参数进行线性变换，则不会改变参数空间。仍然以精度参数为例，做变换 $\phi = g^{-1}(h) = \ln h \in \mathrm{R}$，此时，$g(\phi) = \exp(\phi)$，那么对 ϕ 进行线性变换则不会改变其参数空间。又如，对于 t 分布的自由度参数 v，要求 $v > 2$，那么可以做重参数 $\phi = g^{-1}(v) = \ln(v - 2) \in \mathrm{R}$，相应地，$g(\phi) = \exp(\phi) + 2$。再如，对于相关系数 ρ，要求 $-1 \leqslant \rho \leqslant 1$，则可以做重参数 $\phi = g^{-1}(\rho) = \tan\dfrac{\pi}{2}\rho \in \mathrm{R}$，相应地，$g(\phi) = \dfrac{2}{\pi}\arctan\phi$。

另外需要注意的是，当使用重参数化后的参数描述模型时，模型的似然函数具有不变性，即不会被重参数化影响。但是参数的先验分布及模型似然对重参数化后的参数进行求导时，需要进行雅可比矩阵的调整。

基于以上的重参数化，接下来我们介绍算法设计时将使用重参数化后的参数 ϕ 来描述。记 $\theta_{1,(j)}$ $(j = 1, 2, \cdots, J)$ 为来自后验分布 $p(\theta \mid y)$ 的参数抽样。基于重参数化变换 $\phi_{1,(j)} = g^{-1}(\theta_{1,(j)})$，我们得到来自新参数后验分布 $p_{\phi}(\phi \mid y)$ 的参数抽样 $\phi_{1,(j)}(j = 1, 2, \cdots, J)$。对于给定的幂系数 $b \in (0, 1]$，做如下线性变换

$$\phi^{tr}_{b,(j)} = \frac{1}{\sqrt{b}}(\phi_{1,(j)} - \overline{\phi}_{J}) + \overline{\phi}_{J},\ \overline{\phi}_{J} = \frac{1}{J}\sum_{j=1}^{J}\phi_{1,(j)}$$

于是，我们得到了来自新参数近似幂后验分布 $p_{A\phi}(\phi_{b} \mid y, b)$ 的参数抽样。

下面我们将阐述如何基于以上的线性变换及重要性抽样来估计边际似然，同时避免传统的 TI 算法或 SS 算法所要求的幂后验抽样。

首先，我们基于 TI 算法进行改进。回顾 TI 算法中的 $u(b)$ 项，根据其定义，在新参数下，我们有

$$u(b) = \int_{\Phi} \ln p_{\phi}(y \mid \phi_{b})\, p_{\phi}(\phi_{b} \mid y, b)\mathrm{d}\phi_{b}$$

$$= \int_{\Phi} \ln p_{\phi}(y \mid \phi_{b})\, \frac{p_{\phi}(\phi_{b} \mid y, b)}{p_{A\phi}(\phi_{b} \mid y, b)}\, p_{A\phi}(\phi_{b} \mid y, b)\mathrm{d}\phi_{b}$$

$$= \int_{\Phi} \ln p_{\phi}(y \mid \phi_{b})\, w_{\phi}(\phi_{b})\, p_{A\phi}(\phi_{b} \mid y, b)\mathrm{d}\phi_{b}$$

其中

$$w_\phi(\phi_b) = \frac{p_\phi(\phi_b \mid y, b)}{p_{A\phi}(\phi_b \mid y, b)}$$

$$= \frac{\dfrac{p_\phi(y \mid \phi_b)^b \, p_\phi(\phi_b)}{m_\phi(y \mid b)}}{\dfrac{b^{\frac{q}{2}} p_\phi(y \mid \phi) \, p_\phi(\phi)}{m_\phi(y)}}$$

$$= \frac{p_\phi(y \mid \phi_b)^b \, p_\phi(\phi_b)}{p_\phi(y \mid \phi) \, p_\phi(\phi)} \frac{m_\phi(y)}{b^{\frac{q}{2}} m_\phi(y \mid b)}$$

其中：ϕ_b 服从分布 $p_{A\phi}(\phi_b \mid y, b)$，$\phi = \sqrt{b}(\phi_b - \overline{\phi}) + \overline{\phi}$。那么我们可以根据重要性抽样或自我归一化的重要性抽样得到

$$\hat{u}_w(b) = \frac{1}{J} \sum_{j=1}^{J} \ln p_\phi(y \mid \phi_{b,(j)}^{tr}) w_\phi(\phi_{b,(j)}^{tr})$$

或者

$$\hat{u}_{\text{LWY}}(b) = \sum_{j=1}^{J} \ln p_\phi(y \mid \phi_{b,(j)}^{tr}) \, \hat{W}_\phi(\phi_{b,(j)}^{tr})$$

其中

$$\hat{W}_\phi(\phi_{b,(j)}^{tr}) = \frac{w_\phi(\phi_{b,(j)}^{tr})}{\sum\limits_{j=1}^{J} w_\phi(\phi_{b,(j)}^{tr})} = \frac{\dfrac{p_\phi(y \mid \phi_{b,(j)}^{tr})^b \, p_\phi(\phi_{b,(j)}^{tr})}{p_\phi(y \mid \phi_{1,(j)}) \, p_\phi(\phi_{1,(j)})}}{\sum\limits_{j=1}^{J} \dfrac{p_\phi(y \mid \phi_{b,(j)}^{tr})^b \, p_\phi(\phi_{b,(j)}^{tr})}{p_\phi(y \mid \phi_{1,(j)}) \, p_\phi(\phi_{1,(j)})}}$$

$$= \frac{\exp\{b\ln p_\phi(y \mid \phi_{b,(j)}^{tr}) - \ln p_\phi(y \mid \phi_{1,(j)}) + \ln p_\phi(\phi_{b,(j)}^{tr}) - \ln p_\phi(\phi_{1,(j)})\}}{\sum\limits_{j=1}^{J} \exp\{b\ln p_\phi(y \mid \phi_{b,(j)}^{tr}) - \ln p_\phi(y \mid \phi_{1,(j)}) + \ln p_\phi(\phi_{b,(j)}^{tr}) - \ln p_\phi(\phi_{1,(j)})\}}$$

注意到，$\hat{u}_w(b)$ 虽然是 $u(b)$ 的无偏估计量，但并不可行，因为 $w_\phi(\cdot)$ 中含有两个不可知的量，即 $m_\phi(y)$ 和 $m_\phi(y \mid b)$。而通过自我归一化，$\hat{u}_{\text{LWY}}(b)$ 估计量变得可行。虽然 $\hat{u}_{\text{LWY}}(b)$ 有一点偏差，但我们将在第四节的理论性质中给出 $\hat{u}_{\text{LWY}}(b)$ 估计量的一致性。

值得一提的是，在给出估计量 $\hat{u}_{\text{LWY}}(b)$ 的过程中，伯恩斯坦-冯-米塞斯定理的作用是帮助我们找到一个线性变换，将来自后验分布的参数抽样

值转化为对来自幂后验分布的参数抽样值的近似，并以此作为提议分布，使用重要性抽样来估计每一个 $u(b)$。由于我们使用了重要性抽样，其重要性权重保证了估计量 $\hat{u}_{\text{LWY}}(b)$ 的一致性，因此我们并不要求提议分布 $p_{A\phi}(\phi_b \mid y, b)$ 是幂后验分布 $p_\phi(\phi_b \mid y, b)$ 的完美近似，只要它们有一些相似性就可以。而这个相似性在理论上，正是由后验分布及幂后验分布的伯恩斯坦-冯-米塞斯定理来保证的。

另外在算法的具体实施中，当幂参数 b 特别小时，比如 $b \leq 1/n$，此时幂后验分布更靠近先验分布而不是后验分布，并且和正态分布也偏离较远。因此，对于较小的幂参数 b，一个更好的选择是使用先验分布作为提议分布进行重要性抽样，而不是使用后验分布转换后的近似幂后验分布。特别地，令 $\theta_{0,(j)}$ $(j=1,2,\cdots,J_0)$ 表示从先验分布中随机抽取的参数值。由于此时不涉及线性变换，我们用原参数 θ 即可。相应地，$u(b)$ 可以表示为

$$u(b) = \int_\Theta \ln p(y \mid \theta) w_{0b}(\theta) p(\theta) \mathrm{d}\theta$$

其中

$$w_{0b}(\theta) = \frac{p(\theta \mid y, b)}{p(\theta)} = \frac{\dfrac{p(y \mid \theta)^b p(\theta)}{m(y \mid b)}}{p(\theta)} = \frac{p(y \mid \theta)^b}{m(y \mid b)}$$

其中 θ 服从先验分布。于是我们可以根据重要性抽样或自我归一化的重要性抽样得到

$$\hat{u}_w(b) = \frac{1}{J_0} \sum_{j=1}^{J_0} \ln p(y \mid \theta_{0,(j)}) w_{0b}(\theta_{0,(j)})$$

或者

$$\hat{u}_{\text{LWY}}(b) = \sum_{j=1}^{J_0} \ln p(y \mid \theta_{0,(j)}) \hat{W}_{0b}(\theta_{0,(j)})$$

其中

$$\hat{W}_{0b}(\theta_{0,(j)}) = \frac{w_{0b}(\theta_{0,(j)})}{\sum\limits_{j=1}^{J_0} w_{0b}(\theta_{0,(j)})} = \frac{p(y \mid \theta_{0,(j)})^b}{\sum\limits_{j=1}^{J_0} p(y \mid \theta_{0,(j)})^b} = \frac{\exp\{b\ln p(y \mid \theta_{0,(j)})\}}{\sum\limits_{j=1}^{J_0} \exp\{b\ln p(y \mid \theta_{0,(j)})\}}$$

当然，在实践中，小于 $1/n$ 的点不会太多。

我们把如上基于幂后验和重要性抽样的改进算法（TI-LWY 算法）归纳如下：

TI-LWY 算法估计边际似然

(1) 确定算法参数 S、J、J_0、c。

(2) 在区间 $[0,1]$ 中，依次选取一系列分割点 $\{b_s = (s/S)^c\}_{s=0}^{S}$ 满足

$$b_0 = 0 < b_1 < b_2 < \cdots < b_S = 1,\ c \geq 1。$$

(3) 从参数的先验分布中抽取 J_0 组观测值 $\theta_{0,(j)}$ $(j = 1, 2, \cdots, J_0)$，并计算

$$\hat{u}_{\mathrm{LWY}}(0) = \hat{u}(0) = \frac{1}{J_0} \sum_{j=1}^{J_0} \ln p(y \mid \theta_{0,(j)})$$

(4) 当 $0 < b_s \leq 1/n$，计算

$$\hat{u}_{\mathrm{LWY}}(b_s) = \sum_{j=1}^{J_0} \ln p(y \mid \theta_{0,(j)})\ \hat{W}_{0b_s}(\theta_{0,(j)})$$

(5) 从参数的后验分布中抽取 J 组观测值样本 $\theta_{1,(j)}$ $(j = 1, 2, \cdots, J)$。

(6) 对参数进行重参数化 $\phi_{1,(j)} = g^{-1}(\theta_{1,(j)})$，得到 $\phi_{1,(j)}$ $(j = 1, 2, \cdots, J)$。

(7) 当 $1/n < b_s \leq 1$，做线性变换

$$\phi_{b_s,(j)}^{tr} = \frac{1}{\sqrt{b_s}}(\phi_{1,(j)} - \overline{\phi}_J) + \overline{\phi}_J, \overline{\phi}_J = \frac{1}{J} \sum_{j=1}^{J} \phi_{1,(j)}$$

并估计

$$\hat{u}_{\mathrm{LWY}}(b_s) = \sum_{j=1}^{J} \ln p_\phi(y \mid \phi_{b_s,(j)}^{tr})\ \hat{W}_\phi(\phi_{b_s,(j)}^{tr})$$

(8) 采用梯形法则数值积分法，估计对数边际似然为

$$\ln \hat{m}_{\mathrm{TI-LWY}}(y) = \sum_{s=0}^{S-1} (b_{s+1} - b_s) \frac{\hat{u}_{\mathrm{LWY}}(b_{s+1}) + \hat{u}_{\mathrm{LWY}}(b_s)}{2}$$

从以上算法可以看到，使用 TI-LWY 算法估计边际似然，只需进行两次抽样——从先验分布中抽取参数和从后验分布中抽取参数。在计算 $\hat{u}_{\mathrm{LWY}}(b_s)$ 时，使用的是从先验分布或后验分布中抽取的参数，而无须从幂后验中进行抽样。因此，TI-LWY 算法相比 TI 算法大大节省了抽样的精力和时间。

当然，当应用场景中样本量 n 本来就比较小时，仍然建议使用 TI 算法。一方面，此时使用 TI 算法的计算时间较短；另一方面，此时后验分布和幂后验分布的大样本定理前提条件不满足，则使用后验分布的线性变换来近似幂后验分布的效果较差，从而基于该提议分布进行重要性抽样来估计 $u(b)$ 的效果也会比较差。相比之下，当样本量比较大时，使用 TI-LWY 算法可以在保证计算结果精度的同时，大大提高计算效率，缩短计算时间。

第二节　SS-LWY 算法

基于同样的思想，我们可以对 SS 算法进行进一步改进，以避免重复的幂后验抽样。同样，在完成重参数化变换以后，使用新的参数，我们有

$$
r(b_s) = \int_\Phi \exp\left[(b_{s+1} - b_s) \ln p_\phi(y \mid \phi_{b_s}) \right] p_\phi(\phi_{b_s} \mid y, b_s) \, \mathrm{d}\phi_{b_s}
$$

$$
= \int_\Phi \exp\left[(b_{s+1} - b_s) \ln p_\phi(y \mid \phi_{b_s}) \right] \frac{p_\phi(\phi_{b_s} \mid y, b_s)}{p_{A\phi}(\phi_{b_s} \mid y, b_s)} p_{A\phi}(\phi_{b_s} \mid y, b_s) \, \mathrm{d}\phi_{b_s}
$$

$$
= \int_\Phi \exp\left[(b_{s+1} - b_s) \ln p_\phi(y \mid \phi_{b_s}) \right] w_\phi(\phi_{b_s}) \, p_{A\phi}(\phi_{b_s} \mid y, b_s) \, \mathrm{d}\phi_{b_s}
$$

其中

$$
w_\phi(\phi_{b_s}) = \frac{p_\phi(\phi_{b_s} \mid y, b_s)}{p_{A\phi}(\phi_{b_s} \mid y, b_s)} = \frac{\dfrac{p_\phi(y \mid \phi_{b_s})^{b_s} p_\phi(\phi_{b_s})}{m_\phi(y \mid b_s)}}{\dfrac{b_s^{\frac{q}{2}} p_\phi(y \mid \phi) p_\phi(\phi)}{m_\phi(y)}}
$$

$$
= \frac{p_\phi(y \mid \phi_{b_s})^{b_s} p_\phi(\phi_{b_s})}{p_\phi(y \mid \phi) p_\phi(\phi)} \frac{m_\phi(y)}{b_s^{\frac{q}{2}} m_\phi(y \mid b_s)}
$$

记 $\theta_{1,(j)}$ $(j = 1, 2, \cdots, J)$ 为来自后验分布 $p(\theta \mid y)$ 的参数抽样。基于重参数化变换 $\phi_{1,(j)} = g^{-1}(\theta_{1,(j)})$，我们得到来自新参数后验分布 $p_\phi(\phi \mid y)$ 的参数抽样 $\phi_{1,(j)}(j = 1, 2, \cdots, J)$。对于给定的幂系数 $b_s \in (0, 1]$，做如下线

性变换

$$\phi_{b_s,(j)}^{tr} = \frac{1}{\sqrt{b_s}}(\phi_{1,(j)} - \overline{\phi}_J) + \overline{\phi}_J, \overline{\phi}_J = \frac{1}{J}\sum_{j=1}^{J}\phi_{1,(j)}$$

我们得到了来自新参数近似幂后验分布 $p_{A\phi}(\phi_{b_s} \mid y, b_s)$ 的参数抽样。

于是，根据自我归一化的重要性抽样，我们可以将 $r(b_s)$ 估计为

$$\hat{r}_{\text{LWY}}(b_s) = \sum_{j=1}^{J}\exp\left[(b_{s+1} - b_s)(\ln p_\phi(y \mid \phi_{b_s,(j)}^{tr}) - \overline{L}_{b_s}^{tr}) + (b_{s+1} - b_s)\overline{L}_{b_s}^{tr}\right]\hat{W}_\phi(\phi_{b_s,(j)}^{tr})$$

$$= \exp\left[(b_{s+1} - b_s)\overline{L}_{b_s}^{tr}\right]\sum_{j=1}^{J}\exp\left[(b_{s+1} - b_s)(\ln p_\phi(y \mid \phi_{b_s,(j)}^{tr}) - \overline{L}_{b_s}^{tr})\right]\hat{W}_\phi(\phi_{b_s,(j)}^{tr})$$

其中：$\overline{L}_{b_s}^{tr} = \max_{j \in |1,2,\cdots,J|} \ln p_\phi(y \mid \phi_{b_s, (j)}^{tr})$，以及

$\hat{W}_\phi(\phi_{b_s,(j)}^{tr})$

$$= \frac{w_\phi(\phi_{b_s,(j)}^{tr})}{\sum_{j=1}^{J} w_\phi(\phi_{b_s,(j)}^{tr})} = \frac{\dfrac{p_\phi(y \mid \phi_{b_s,(j)}^{tr})^{b_s} p_\phi(\phi_{b_s,(j)}^{tr})}{p_\phi(y \mid \phi_{1,(j)}) p_\phi(\phi_{1,(j)})}}{\sum_{j=1}^{J} \dfrac{p_\phi(y \mid \phi_{b_s,(j)}^{tr})^{b_s} p_\phi(\phi_{b_s,(j)}^{tr})}{p_\phi(y \mid \phi_{1,(j)}) p_\phi(\phi_{1,(j)})}}$$

$$= \frac{\exp\left[b_s \ln p_\phi(y \mid \phi_{b_s,(j)}^{tr}) - \ln p_\phi(y \mid \phi_{1,(j)}) + \ln p_\phi(\phi_{b_s,(j)}^{tr}) - \ln p_\phi(\phi_{1,(j)})\right]}{\sum_{j=1}^{J}\exp\left[b \ln p_\phi(y \mid \phi_{b_s,(j)}^{tr}) - \ln p_\phi(y \mid \phi_{1,(j)}) + \ln p_\phi(\phi_{b_s,(j)}^{tr}) - \ln p_\phi(\phi_{1,(j)})\right]}$$

同样，当幂参数 b 特别小时，比如 $b \leqslant 1/n$，我们使用先验分布作为提议分布进行重要性抽样。特别地，令 $\theta_{0,(j)}$（$j = 1, 2, \cdots, J_0$）表示从先验分布中随机抽取的参数值，相应地，$r(b_s)$ 可以表示为

$$r(b_s) = \int_{\Theta}\exp\left[(b_{s+1} - b_s)\ln p(y \mid \theta)\right]w_{0b_s}(\theta)p(\theta)\mathrm{d}\theta$$

其中

$$w_{0b_s}(\theta) = \frac{p(\theta \mid y, b_s)}{p(\theta)} = \frac{\dfrac{p(y \mid \theta)^{b_s}p(\theta)}{m(y \mid b_s)}}{p(\theta)} = \frac{p(y \mid \theta)^{b_s}}{m(y \mid b_s)}$$

其中 θ 服从先验分布。于是我们可以根据自我归一化的重要性抽样得到

$$\hat{r}_{\mathrm{LWY}}(b_s) = \exp\left[(b_{s+1} - b_s)\,\overline{L}_0\right] \sum_{j=1}^{J_0} \exp\left[(b_{s+1} - b_s)(\ln p_\phi(y \mid \theta_{0,(j)}) - \overline{L}_0)\right] \hat{W}_{0b_s}(\theta_{0,(j)})$$

其中

$$\overline{L}_0 = \max_{j \in \{1,2,\cdots,J_0\}} \ln p(y \mid \theta_{0,(j)})$$

$$\hat{W}_{0b_s}(\theta_{0,(j)}) = \frac{w_{0b_s}(\theta_{0,(j)})}{\sum\limits_{j=1}^{J_0} w_{0b_s}(\theta_{0,(j)})} = \frac{p(y \mid \theta_{0,(j)})^{b_s}}{\sum\limits_{j=1}^{J_0} p(y \mid \theta_{0,(j)})^{b_s}} = \frac{\exp\left[b_s \ln p(y \mid \theta_{0,(j)})\right]}{\sum\limits_{j=1}^{J_0} \exp\left[b_s \ln p(y \mid \theta_{0,(j)})\right]}$$

我们把如上基于幂后验和重要性抽样的改进算法（记为 SS-LWY 算法）归纳如下：

SS-LWY 算法估计边际似然

（1）确定算法参数 S、J、J_0、c。

（2）在区间 $[0,1]$ 中，依次选取一系列分割点 $\{b_s = (s/S)^c\}_{s=0}^{S}$ 满足：

$$b_0 = 0 < b_1 < b_2 < \cdots < b_S = 1, \quad c \geq 1;$$

并计算 $\hat{r}_{\mathrm{LWY}}(0) = \hat{r}(0)$。

（3）从参数的先验分布中抽取 J_0 组观测值 $\theta_{0,(j)}$ $(j=1,2,\cdots,J_0)$。

（4）当 $0 < b_s \leq 1/n$，计算

$$\hat{r}_{\mathrm{LWY}}(b_s)$$

$$= \exp\left[(b_{s+1} - b_s)\,\overline{L}_0\right] \sum_{j=1}^{J_0} \exp\left[(b_{s+1} - b_s)(\ln p_\phi(y \mid \theta_{0,(j)}) - \overline{L}_0)\right] \hat{W}_{0b_s}(\theta_{0,(j)})$$

（5）从参数的后验分布中抽取 J 组观测值样本 $\theta_{1,(j)}$ $(j=1,2,\cdots,J)$。

（6）对参数进行重参数化 $\phi_{1,(j)} = g^{-1}(\theta_{1,(j)})$，得到 $\phi_{1,(j)}$ $(j=1,2,\cdots,J)$。

（7）当 $1/n < b_s \leq 1$，做线性变换

$$\phi_{b_s,(j)}^{tr} = \frac{1}{\sqrt{b_s}}(\phi_{1,(j)} - \overline{\phi}_J) + \overline{\phi}_J, \quad \overline{\phi}_J = \frac{1}{J}\sum_{j=1}^{J} \phi_{1,(j)}$$

并估计

$$\hat{r}_{\text{LWY}}(b_s)$$

$$= \exp\left[(b_{s+1} - b_s)\bar{L}_{b_s}^{tr}\right] \sum_{j=1}^{J} \exp\left\{(b_{s+1} - b_s)\left[\ln p_\phi(y \mid \phi_{b_s,(j)}^{tr}) - \bar{L}_{b_s}^{tr}\right]\right\} \hat{W}_\phi(\phi_{b_s,(j)}^{tr})$$

（8）估计对数边际似然为：

$$\ln \hat{m}_{\text{SS-LWY}}(y) = \sum_{s=0}^{S-1} \ln \hat{r}_{\text{LWY}}(b_s)$$

第三节　假设条件

在本节中，我们将给出一系列条件，并在下一节中给出 TI 算法估计量和 TI-LWY 算法估计量的一致性[①]。在本节中，由于不涉及算法的具体实现步骤，为了符号的简洁性，我们还是用 θ 表示模型的参数。须注意，在这一章的研究框架中，我们关心的是边际似然的量。而在给定数据 y 的情况下，模型的边际似然 $m(y)$ 及其对数值 $\ln m(y)$ 便是一个非随机的数。关于 $\ln m(y)$ 的阶数，在附录证明中可以看到

$$0 \leqslant \ln p(y \mid \hat{\theta}) - \ln m(y) \leqslant \ln[\ln p(y \mid \hat{\theta}) - u(0)]$$

因此，$\ln m(y) = O(n)$。显然，随着样本量 n 趋于无穷，对数边际似然也趋于无穷。所以，要探讨对数边际似然估计量的性质，必须将样本量 n 固定下来，否则讨论对一个取值为无穷的量的估计值没有意义。和第二章第一节、第二节的框架不同，这里我们是在给定观测数据及固定有限的 n 的情况下，来探讨边际似然估计量的性质。该分析框架同 Chen（1985）和 Kass 等（1990）。接下来我们引入一组常规性条件，为了和第二章的假设条件进行区分，我们使用 C 记号，代表本节的假设条件。

条件 1（C1）：模型参数空间 Θ 是 R^q 的一个紧子集，其中 q 是模型参

---

① 对于 SS 算法和 SS-LWY 算法，以及第四章的 SS-LWY2 算法，其假设条件和证明的思路是类似的。这里我们以 TI 算法和 TI-LWY 为例，给出相应的条件以及估计量的理论性质。

数的维度。

条件 2（C2）：对于所有的 t，$l_t(\theta)$ 在参数空间 Θ 上六阶连续可导。

条件 3（C3）：对于 $j = 0,1,2$，以及任意的 $\theta, \theta' \in \Theta$，$\| l_t^{(j)}(\theta) - l_t^{(j)}(\theta') \|$ $\leq c_t^j(y^t) \| \theta - \theta' \|$。其中：$c_t^j(y^t)$ 是一个正数，满足 $\sup_t c_t^j(y^t) < \infty$，并且 $\lim_{n\to\infty} \frac{1}{n} \sum_{t=1}^{n} c_t^j(y^t) \to 0$。

条件 4（C4）：对于 $j = 0,1,2$，存在函数 $M_t(y^t)$ 使得对于所有的 $\theta \in \Theta$，$l_t^{(j)}(\theta)$ 存在且 $\sup_{\theta \in \Theta} \| l_t^{(j)}(\theta) \| \leq M_t(y^t)$，并且 $\sup_t M_t(y^t) \leq M < \infty$。

条件 5（C5）：对于 $\varepsilon > 0$，以及以 ε 为半径围绕 $\hat{\theta}$ 形成的开球 $N(\hat{\theta}, \varepsilon)$ $\subseteq \Theta$，我们有

$$\limsup_{n\to\infty} \sup_{\theta \in \Theta \setminus N(\hat{\theta}, \varepsilon)} \frac{1}{n} \sum_{t=1}^{n} \left[l_t(\theta) - l_t(\hat{\theta}) \right] < 0$$

条件 6（C6）：矩阵 $-\overline{H}_n(\hat{\theta})$ 为正定矩阵，并且其最小的特征值 $\lambda_{-\overline{H}_n(\hat{\theta})} > \varepsilon > 0$。这里 $-\overline{H}_n(\hat{\theta}) = \frac{1}{n} \sum_{t=1}^{n} l_t^{(2)}(\hat{\theta})$。

条件 7（C7）：先验概率密度 $p(\theta)$ 在参数空间 Θ 上四阶连续可导且 $0 < p(\hat{\theta}) < +\infty$。

条件 8（C8）：θ 在先验分布下具有有界的 16 阶矩。对于任意的 $i, j \in \{1, 2, \cdots, q\}$，$\int_{\Theta} \left[\frac{1}{n} L_{n,ij}^{(2)}(\theta_a) \right]^8 p(\theta) \mathrm{d}\theta < +\infty$，其中 $\theta_a = a\theta + (1-a)\hat{\theta}$，$a \in (0,1]$，$L_{n,ij}^{(2)}(\theta_a)$ 是矩阵 $L_n^{(2)}(\theta_a)$ 的第 i 行第 j 列个元素。$\int_{\Theta} | \ln p(\theta) | p(\theta) \mathrm{d}\theta < +\infty$。

条件 9（C9）：对于给定的幂参数 $b \in (0,1]$，参数的线性变换 $\theta_b = \frac{1}{\sqrt{b}}(\theta - \overline{\theta}) + \overline{\theta} \in \Theta$ 成立，即线性变换总是被正确定义的。否则，存在一种重参数化变换使得 $\phi \in \Phi = g^{-1}(\Theta)$，满足 $\phi = g^{-1}(\theta)$，$\phi_b = \frac{1}{\sqrt{b}}(\phi - \overline{\phi}) + \overline{\phi}$，其中：$\overline{\phi} = \int_{\Phi} \phi\, p_\phi(\phi \mid y) \mathrm{d}\phi$，且对于任意的 $b \in (0,1]$，满足 $\phi_b \in \Phi$。

以上条件 1~8 和第二章中用于建立伯恩斯坦–冯–米塞斯定理的假设条件有一个明显的不同就是，由于现在后验分布和边际似然都是在给定数据 y 的条件下得到的，它们并不是随机的。因此，将第二章中的 A2、A6 假设去掉，并且将 A4、A5、A7、A9、A10 相应地修改为 C3、C4、C5、C6、C7。

C1~C7 是 Chen（1985）和 Kass 等（1990）中所设条件的充分条件。特别地，C1 和 C2 能推出 Chen（1985）中的 P1，保证了极大似然估计量的存在性。C6 能推出 Chen（1985）中的 P2 和陡度条件（steepness condition）。C3 能推出 Chen（1985）中的平滑条件（smoothness condition）以及 Kass 等（1990）中的条件（Ⅱ）。C4 和 Kass 等（1990）中的条件（Ⅰ）类似。C5 能推出 Chen（1985）中的集中条件（concentration condition）和 Kass 等（1990）中的条件（Ⅲ）。C7 和 C8 限制了先验分布的一些性质。

C9 是为了保证线性变换的合理性。我们在算法设计部分已经对其含义做了详细的介绍。由于 C9 容易通过重参数化满足，为了符号的简洁性，不失一般性地，我们接下来还是使用 θ 代表模型的参数，并默认它总是满足 C9。

第四节　理论性质

在上一节的假设条件下，我们给出两个定理（Li et al., 2023）：关于 TI 算法和 TI–LWY 算法所给出的对数边际似然的估计量的一致性。

定理 3–1：对于分割点 $b_s = (s/S)^c$，$s = 0, 1, \cdots, S$，$c \geq 1$，在 C1~C8 下，在数据 y 给定、样本量固定且有限的情况下，随着 $S, J \to \infty$，我们有

$$\ln \widehat{m_{\mathrm{TI}}}(y) = \ln m(y) + o_p(1)$$

其中：$o_p(1)$ 中的 p 所对应的随机性来自参数幂后验分布的联合分布。

定理 3–2：对于分割点 $b_s = (s/S)^c$，$s = 0, 1, \cdots, S$，$c \geq 1$，在 C1~C9 下，在数据 y 给定、样本量固定且有限的情况下，随着 $S, J, J_0 \to \infty$，我

们有

$$\ln \widehat{m_{\text{TI-LWY}}}(y) = \ln m(y) + o_p(1)$$

其中：$o_p(1)$ 中的 p 所对应的随机性来自参数先验分布和后验分布的联合分布。

定理 3-1 和定理 3-2 的详细证明，在本书附录中给出。

第五节 应用实例：线性回归模型

在本小节中，我们用一个多元线性回归模型的简单例子来检验本章提出的算法的估计表现。我们使用的数据来自 1987 年加拿大温莎的 546 个房屋出售价格，以及房屋面积、卧室数量、浴室数量、储藏室数量等。该数据可以在 Koop（2003）中找到。现在我们想要探求房价的影响因素，因此对房屋价格进行多元线性回归，考虑如下两个模型：

$$M_1 : y_i = \beta_1 + \beta_2 x_{i2} + \beta_3 x_{i3} + \beta_4 x_{i4} + \beta_5 x_{i5} + \epsilon_i, \epsilon_i \sim N(0, \sigma^2), i = 1, 2, \cdots, n$$

$$M_2 : y_i = \beta_1 + \beta_2 x_{i2} + \beta_3 x_{i3} + \beta_4 x_{i4} + \beta_5 x_{i5} + \epsilon_i, \epsilon_i \sim t(0, \sigma^2, v), i = 1, 2, \cdots, n$$

对于模型 M_1，和 Koop（2003）一样，我们指定先验分布为正态-伽马先验分布，即

$$\beta \sim N(\beta_0, h^{-1} V_0), h = \frac{1}{\sigma^2} \sim \Gamma(s, r)$$

其中：β_0、V_0 分别是先验分布的均值和方差-协方差矩阵。h 是方差的倒数，可以看作精度。s、r 分别是伽马分布的形状参数和速率参数。进一步，我们设定这些参数的具体值为

$$\beta_0 = \begin{bmatrix} 0 \\ 10 \\ 5000 \\ 10000 \\ 10000 \end{bmatrix}$$

$$V_0 = \begin{bmatrix} 2.4 & 0 & 0 & 0 & 0 \\ 0 & 6.0 \times 10^{-7} & 0 & 0 & 0 \\ 0 & 0 & 0.15 & 0 & 0 \\ 0 & 0 & 0 & 0.60 & 0 \\ 0 & 0 & 0 & 0 & 0.60 \end{bmatrix}$$

$$s = 2.5, r = 6.26 \times 10^7$$

在模型 M_1 中，精度参数 h 必须大于零。因此，为了满足 C9，对参数 h 进行重参数化，所使用的变换方程为 $\phi(h) = \ln h \in \mathrm{R}$。

鉴于在模型 M_1 下，参数的边际似然、后验分布及幂后验分布都有解析解，我们可以解析解为参考，检验边际似然估计量的估计表现。在给定的数据下，模型 M_1 的对数边际似然精确值为 -6151 左右。

由于此时模型的幂后验具有解析解，为了实施 TI（SS）算法，我们可以直接从参数的幂后验分布中随机抽取 J 组参数，然后按照第二章第三节给出的 TI（SS）算法的步骤得到对数边际似然的估计值。

由于此时模型的后验分布也有解析解，为了实施 TI-LWY（SS-LWY）算法，我们可以直接从先验分布和后验分布中随机抽取参数，然后按照本章第一（二）节给出的 TI-LWY（SS-LWY）算法的步骤得到对数边际似然的估计值。

对于模型 M_2，考虑该模型假设 y_i 服从自由度为 v 的 t 分布，其中 $v > 2$。为了满足 C9，对参数 v 进行重参数化，所使用的变换方程为 $\phi(v) = \ln(v-2) \in \mathrm{R}$。对于模型 M_2 的参数 h，同样使用先验分布 $\Gamma(s, r)$。对于参数 v，指定先验分布为指数分布，即 $v-2 \sim Exp(0.05)$。由于模型 M_2 的分布为更复杂的 t 分布，此时该模型下的边际似然、后验分布及幂后验分布均无解析解。

为了实施 TI（SS）算法，我们使用软件 WinBUGS 来得到该模型下的后验抽样和幂后验抽样。考虑到，对于该模型下的幂后验分布，其无法用 WinBUGS 软件内嵌的标准分布进行表达，此时可以使用 WinBUGS 的 "zeros trick" 工具来定义对应幂后验的新分布，从而进行幂后验抽样。具体的代码编写见附录。

为了实施 TI-LWY（SS-LWY）算法，我们同样使用软件 WinBUGS 进行抽样。由于 LWY 系列的算法只需从先验分布和后验分布中抽样，因此可以直接在 WinBUGS 中指定模型的分布（即 t 分布，由于其是一个标准分布，已经内嵌在 WinBUGS 中，因此可以直接通过简单的命令进行指定），从而进行后验抽样。

具体的抽样参数设计为抽取总样本数 10 万个，舍弃前 4 万个样本，对余下的 6 万个样本，每 3 个样本取一个保留。因此，最后总共得到 2 万个模型参数的有效抽样观测值。

对于算法的其他超参数，我们设定 $S = 20$、40、100，$c = 1$ 或 3，$J_0 = 20000$。四种算法的估计结果报告在表 3-1（模型 M_1）和表 3-2（模型 M_2）中。表 3-1 中每一个小框里报告的数值是相应算法估计出的对数边际似然值相对于真实值的偏差，括号里是蒙特卡罗标准误，是基于重复 100 次估计得到的。偏差体现了估计结果对于真实结果的近似程度，标准误体现了估计结果的稳定性。

表 3-1　模型 M_1 下对数边际似然估计的偏差及标准误

算法	$c = 1$		$c = 3$	
	TI	TI-LWY	TI	TI-LWY
$S = 20$	−495.25（4.12）	−495.25（4.14）	−2.15（0.03）	−2.14（0.17）
$S = 40$	−244.04（2.06）	−244.04（2.09）	−0.59（0.01）	−0.58（0.22）
$S = 100$	−94.37（0.82）	−94.37（0.86）	−0.08（0.01）	−0.07（0.17）
算法	SS	SS-LWY	SS	SS-LWY
$S = 20$	−0.54（1.19）	−0.54（1.19）	0.00（0.02）	0.01（0.13）
$S = 40$	−0.10（0.50）	−0.10（0.51）	0.00（0.02）	0.02（0.19）
$S = 100$	−0.03（0.16）	−0.02（0.17）	0.00（0.01）	0.02（0.16）

表 3-2　模型 M_2 下对数边际似然的估计结果

算法	TI	TI-LWY	SS	SS-LWY
$S = 20$	−6514	−6518	−6513	−6517
$S = 40$	−6513	−6518	−6513	−6518
$S = 100$	−6513	−6517	−6513	−6517

从表 3-1 的结果，我们可以发现：

首先，在 $c=3$ 时，TI 算法和 TI-LWY 算法的估计结果偏差都比较小，同时蒙特卡罗标准误也很小，表明估计结果比较可靠。但是注意到，在 $c=1$ 时，TI 算法和 TI-LWY 算法的估计结果都不好，偏差很大。这是因为，$u(b)$ 曲线在 $b=0$ 附近呈现出更高的非线性，具有更快的变化速度、更大的曲率。但是，在 $c=1$ 时，分割点是均匀分布在 0 和 1 之间的，这导致了在 0 附近的 $u(b)$ 曲线的数值积分结果很不准确，引入了较高的离散误差。因此两个算法的表现都比较差。基于这个原因，一般我们建议 c 取一个大于 1 的数，从而使更多的分割点聚集在 0 附近，提高在 0 附近的 $u(b)$ 曲线的数值积分精度，减少离散误差。

对比 TI 算法和 TI-LWY 算法，两者的估计偏差很接近，但是 TI-LWY 算法的蒙特卡罗标准误略大一点。从直觉上解释，这是因为 TI-LWY 只进行了一次后验抽样，然后通过后验抽样的线性变换得到幂后验的近似值，并进行重要性抽样。注意到这个线性变换，即

$$\theta^{tr}_{b_s,(j)} = \frac{1}{\sqrt{b_s}}(\theta_{1,(j)} - \bar{\theta}_J) + \bar{\theta}_J, \bar{\theta}_J = \frac{1}{J}\sum_{j=1}^{J}\theta_{1,(j)}$$

未改变随机变量的位置，只是放大了随机变量的方差。因此，TI-LWY 算法的蒙特卡罗误差来自后验抽样及后验抽样方差被放大的过程，这些蒙特卡罗误差不能被有效地抵消。而 TI 算法对于每一个 b_s 都要进行幂后验抽样，它的蒙特卡罗误差来自每一次独立的幂后验抽样，这些蒙特卡罗误差在一定程度上会有一些被抵消。因此 TI-LWY 算法的蒙特卡罗误差会比 TI 算法的蒙特卡罗误差略大一些。但是，从我们的实验结果看，这个差别几乎可以忽略不计。TI-LWY 算法在几乎不降低估计表现的同时，大大提高了计算效率。

其次，SS 算法和 SS-LWY 算法在不同的 c 值下估计结果表现都比较好，估计偏差较小，同时蒙特卡罗标准误也很小，表明估计结果比较可靠。SS 算法和 SS-LWY 算法的表现对于 c 的取值不是特别敏感，其原因如我们之前分析的，SS 算法和 SS-LWY 算法的误差来源不包括离散误差。因此，分割点的分布情况对于其估计表现没有那么重要。当然，取 $c>1$ 仍然是推荐的。表 3-1 中的数值结果也表明，$c=3$ 的结果要好于 $c=1$ 的结果。

这是因为，SS 算法和 SS-LWY 算法在估计 $r(b_s)$ 的过程中，实际上是在用 $p(\theta_{b_s}|y,b_s)$ 作为提议分布对 $p(\theta_{b_{s+1}}|y,b_{s+1})$ 进行重要性抽样。当 b_s 比较小时，在其附近的幂后验分布的变化会更快。因此为了使这些重要性抽样的表现更平稳，我们应该使得这些小的 b_s 附近的幂后验的步长更短，让它们更加缓慢地变化，即要让更多的分割点落在 0 附近。因此，对于 SS 算法和 SS-LWY 算法，我们仍然推荐取 $c>1$。

对比 SS 算法和 SS-LWY 算法，两者的估计偏差很接近。同样，SS-LWY 算法的蒙特卡罗标准误会比 SS 算法略大一点。原因同 TI 算法和 TI-LWY 算法的对比。

表 3-2 报告了模型 M_2 下对数边际似然的估计结果。根据刚才的分析，$c>1$ 是更好的选择。因此我们采用 $c=3$，不再报告 $c=1$ 的结果。从表 3-2 中可以看到，四个算法的结果都比较接近，能够给出一个可靠的对数边际似然的估计。但是，TI-LWY 算法和 SS-LWY 算法能够在不降低估计表现的情况下，大大节省计算时间（如表 3-3 所示）。同时，根据模型 M_1 和模型 M_2 的对数边际似然估计结果，该数据集对于模型 M_1 更加支持，即在这个例子中，采用正态分布的假设比采用 t 分布的假设更加合理。

表 3-3 线性回归模型对数边际似然的计算时间

模型	M_1（min）		M_2（h）	
算法	TI	TI-LWY	TI	TI-LWY
$S=20$	19.71	20.31	3.81	0.35
$S=40$	40.25	39.21	9.12	0.84
$S=100$	108.96	93.49	22.80	1.91
算法	SS	SS-LWY	SS	SS-LWY
$S=20$	28.45	28.30	4.69	0.65
$S=40$	56.39	55.76	9.96	1.03
$S=100$	142.42	133.96	25.96	2.29

表 3-3 报告了模型 M_1 和模型 M_2 下，四种算法的计算时间。首先，对于模型 M_1，由于其幂后验分布具有解析解，因此采用直接抽样的方式基本

没有时间成本。可以看到，TI 算法和 TI-LWY 算法的计算时间基本相同，SS 算法和 SS-LWY 算法的计算时间也基本相同，LWY 系列算法的时间优势不明显。反之，对于模型 M_2，由于其幂后验分布没有解析解，采用 WinBUGS 抽样的时间成本高，TI 算法和 SS 算法的计算时间大大延长。对比之下，LWY 系列算法的时间优势得到印证。在该实验的抽样设定中，LWY 系列算法节省了约 90% 的计算时间，计算效率提高了 10 倍左右。

第六节　应用实例：Copula 模型

在本节，我们将利用贝叶斯因子比较几种常用的非嵌套的 Copula（连接函数）模型。在金融领域，每种资产的回报率各自服从某个随机分布，不同资产的回报率之间也有一定的相关性。由于整个金融系统或金融市场的表现往往是高度相关、相互影响的，因此找到一个合适的方法来刻画多个资产回报率之间的相关性非常现实也非常重要。Copula 模型是一个灵活强大的刻画多个随机变量之间的相关性，进而刻画多元随机变量的联合分布的有效工具。

Copula 模型的概念最早由 Sklar 在 1959 年提出。Sklar 定理表明，任意两个随机变量之间的联合分布可以由这两个随机变量的边际分布和一个 Copula 函数表示。Copula 函数刻画的正是这两个随机变量之间的相关性结构。进一步，这一结论对于多元随机变量也成立，即任意 d 个随机变量之间的联合分布可以由这 d 个随机变量的边际分布和一个 Copula 函数表示。实际上，Copula 模型的应用范围十分广泛。自进入 21 世纪以来，由于各科学研究领域的数据可得性呈爆发式增长，对模型的复杂度要求也越来越高，Copula 模型凭借其对多元变量联合分布和相关性刻画的灵活性而被广泛地应用于金融（Cherubini et al.，2004、2011；McNeil et al.，2005）、经济（Trivedi and Zimmer，2005）、环境科学（Salvadori et al.，2007）、工程学（Kilgore and Thompson，2011）、遗传学（Li et al.，2006）等领域。

为了刻画多元随机变量的联合分布，首先对每个随机变量指定一个边际分布（marginal distribution），其次用一个连接函数（Copula）把每个边际分布"粘连"起来。以二元随机变量为例，令 r_{1t} 和 r_{2t} 分别为资产 1 和资产 2 在 t 时间的资产回报率，并假设：

$$r_{1t} = \mu_1 + \sigma_1 z_{1t}$$

$$r_{2t} = \mu_2 + \sigma_2 z_{2t}$$

其中：μ_i、σ_i 分别为第 i 种资产回报率的期望和标准差，$i = 1, 2$。那么，我们可以进一步用一个连接函数来描述两种资产回报率的联合分布，即

$$F(r_{1t}, r_{2t}) = C[F_1(r_{1t}), F_2(r_{2t}); \delta]$$

其中：$F_i(\cdot)$ 为第 i 种资产回报率的边际分布，$C(\cdot; \delta)$ 为连接函数，δ 为相应的连接参数。

不同的连接函数和边际分布的组合构成了不同的 Copula 模型。常见的连接函数模型有高斯连接函数（Gaussian Copula）、t 连接函数（t Copula）、Clayton 连接函数（Clayton Copula）、Gumbel 连接函数（Gumbel Copula）、Frank 连接函数（Frank Copula）等。每种连接函数又可以进一步和不同的边际分布组合，如正态分布（Normal Distribution）、t 分布（t Distribution）等。关于连接函数模型的更多介绍，可参见 Hurn 等（2020）。

接下来，我们将应用第三章和第四章的算法来估计不同连接函数模型的边际似然，从而基于贝叶斯因子，比较不同连接函数对资产回报率的拟合表现。需注意到，我们所考虑的 Copula 模型不要求必须嵌套，既可以是嵌套模型，也可以是任意的非嵌套模型。由于我们使用边际似然（贝叶斯因子）来进行模型比较，因此对于模型的嵌套性质没有要求。这也体现了基于贝叶斯因子进行模型比较的通用性和便利性。

具体地，我们考虑四种常见的 Copula 模型，包括高斯正态连接函数模型（Gaussian Normal Copula，GNC）、高斯 t 连接函数模型（Gaussian t Copula，GTC）、t-t 连接函数模型（t-t Copula，TTC）及 Clayton t 连接函数模型（Clayton t Copula，CTC）。

我们使用的数据来自 1995 年 8 月 17 日到 2018 年 12 月 28 日标普 100 和标普 600 指数的回报率，共 5823 组观测数据。我们使用 R 语言里的 mcmc 程序包进行后验分布和幂后验分布的抽样。抽样设计为每个参数总

共抽样 10 万次，去掉前 5 万次抽样结果，以去除初值选取对抽样结果的影响，然后对剩下的 5 万次抽样结果，每 5 个点记录一次，以降低抽样之间的相关性。最后对于每个参数，我们总共得到了 1 万个有效的后验抽样值。使用该程序包抽样，需要输入模型的后验核函数。对于幂后验而言，注意到其核函数

$$p(\theta_b \mid y, b) \propto (y \mid \theta_b)^b p(\theta_b)$$

因此对于幂后验的抽样，在这里只需把后验核函数稍加改造就可以。即对于后验分布抽样而言，使用 mcmc 程序包时，输入对数后验核函数

$$\ln(y \mid \theta_b) + \ln p(\theta_b)$$

而对于幂后验分布抽样而言，使用 mcmc 程序包时，输入对数幂后验核函数

$$b\ln(y \mid \theta_b) + \ln p(\theta_b)$$

关于更多的编程细节，我们将在第五章进行更详细的说明。

一、高斯正态连接函数模型

高斯正态连接函数模型的边际分布和连接函数都是正态分布，所以等价于二元正态分布，其中连接参数 δ 等价于二元正态分布的相关系数。它在 t 时间点的对数似然函数形式为

$$\ln L_t = -\ln 2\pi - \frac{1}{2}\ln\left(\frac{1-\delta^2}{h_1 h_2}\right) - \frac{z_{1t}^2 + z_{2t}^2 - 2\delta z_{1t} z_{2t}}{2(1-\delta^2)}$$

其中：$h_i = 1/\delta_i^2$ 是方差的倒数，表示精度。$z_{it} = (r_{it} - \mu_i) h_i^{1/2}$ 是标准化后的资产回报率。该模型的参数包括 $\theta = (\mu_1, h_1, \mu_2, h_2, \delta)'$。同时，我们指定如下的先验分布

$$\mu_i \sim N(0, 25), i = 1, 2$$
$$h_i \sim \Gamma(0.1, 1), i = 1, 2$$
$$\delta \sim U[-1, 1]$$

其中：Γ 表示伽马分布，U 表示均匀分布。

为了满足 C9，我们分别对 h_i 和 δ 进行重参数化，使用的转换函数分别为 $\phi(h_i) = \ln h_i \in R$、$\phi(\delta) = \tan\frac{\pi}{2}\delta \in R$。

　　该模型的参数估计、边际似然估计和计算时间的结果分别报告在表 3-4 ~ 表 3-6 中①。从表 3-4 中可以看到，参数的估计结果是合理的。参数 δ 的后验均值为 0.8422，表明两个指数的收益率存在较强的线性相关关系。但是，高斯正态连接函数模型无法刻画两个收益率之间的尾部相关性。该模型的边际似然估计结果报告在表 3-5 中，从中可以看到四种算法给出的估计值很相近。但是在计算时间上，如表 3-6 的结果所示，LWY 系列算法的计算时间大概只需要原始算法的 10%，大大提高了计算效率。

表 3-4　高斯正态连接函数模型的参数估计结果

参数	μ_1	h_1	μ_2	h_2	δ
后验均值	0.0265	0.7058	0.0367	0.5478	0.8422
后验标准差	0.0163	0.0132	0.0186	0.0102	0.0038

表 3-5　高斯正态连接函数模型的对数边际似然估计结果

算法	TI	TI-LWY	SS	SS-LWY
$S = 20$	−15726	−15729	−15722	−15720
$S = 40$	−15720	−15721	−15720	−15719
$S = 100$	−15717	−15718	−15718	−15719

表 3-6　高斯正态连接函数模型的对数边际似然估计时间　　单位：min

算法	TI	TI-LWY	SS	SS-LWY
$S = 20$	3.80	0.54	4.85	0.71
$S = 40$	8.95	0.89	8.93	1.19
$S = 100$	19.11	2.15	21.81	2.88

---

　　① TI、TI-LWY 算法的计算时间的报告是基于 Intel（R）Core（TM）i7-6700 CPU @ 3.40GHz 的台式电脑，SS、SS-LWY 算法的计算时间的报告是基于 Intel（R）Core（TM）i7-7500 CPU @ 2.70GHz 的台式电脑。

二、高斯 t 连接函数模型

高斯 t 连接函数模型结合了高斯连接函数和 t 分布的边际分布。它在 t 时间点的对数似然函数形式为

$$\ln L_t = -\frac{1}{2}\ln(1-\delta^2) - \frac{q_{1t}^2 + q_{2t}^2 - 2\delta q_{1t} q_{2t}}{2(1-\delta^2)} + \frac{1}{2}(q_{1t}^2 + q_{2t}^2) +$$

$$\ln\left[h_1^{1/2}f(z_{1t};v)\right] + \ln\left[h_2^{1/2}f(z_{2t};v)\right]$$

其中：$\delta \in [-1,1]$，$q_{it} = \Phi^{-1}[F(z_{it};v)]$，$z_{it} = (r_{it}-\mu_i)h_i^{1/2}$，$F(z_{it};v)$、$f(z_{it};v)$ 分别是自由度为 $v(v>2)$ 的 t 分布的累计分布密度函数和密度函数。$\Phi^{-1}(\cdot)$ 是标准正态分布的分位函数。该模型的参数包括 $\theta = (\mu_1,h_1,\mu_2,h_2,\delta,v)'$。同时，我们指定如下的先验分布

$$\mu_i \sim N(0,25), i=1,2$$

$$h_i \sim \Gamma(0.1,1), i=1,2$$

$$\delta \sim U[-1,1]$$

$$v-2 \sim Exp(1)$$

其中：Γ 表示伽马分布，U 表示均匀分布，Exp 表示指数分布。

为了满足 C9，我们分别对 h_i、δ 和 v 进行重参数化，使用的转换函数分别为 $\phi(h_i) = \ln h_i \in R$、$\phi(\delta) = \tan\frac{\pi}{2}\delta \in R$、$\phi(v) = \ln(v-2) \in R$。

该模型包含高斯正态连接函数模型，即随着 $v \rightarrow \infty$，高斯 t 连接函数模型等价于高斯正态连接函数模型。但是，该模型的似然函数比高斯正态连接函数模型更复杂，所以其似然函数计算、后验分布抽样等都需要更长的时间。比如，从高斯正态连接函数模型的后验分布中抽样一次，大概需要 10s，但是从该模型中抽样一次，则需要 17min 左右。该模型的参数估计、边际似然估计和计算时间的结果分别报告在表 3-7～表 3-9 中。

表 3-7　高斯 t 连接函数模型的参数估计结果

参数	μ_1	h_1	μ_2	h_2	δ	v
后验均值	0.0490	1.5492	0.0618	1.0860	0.8236	3.8831
后验标准差	0.0116	0.0401	0.0139	0.0271	0.0042	0.0957

表 3-8　高斯 t 连接函数模型的对数边际似然估计结果

算法	TI	TI-LWY	SS	SS-LWY
$S = 20$	-14879	-14877	-14876	-14879
$S = 40$	-14879	-14881	-14880	-14879
$S = 100$	-14880	-14879	-14880	-14877

表 3-9　高斯 t 连接函数模型的对数边际似然估计时间　　单位：h

算法	TI	TI-LWY	SS	SS-LWY
$S = 20$	6.73	0.91	6.72	1.09
$S = 40$	12.88	1.54	13.52	1.77
$S = 100$	32.75	3.33	34.38	3.96

从表 3-7 中可以看到，参数的估计结果是合理的。参数 v 的后验均值为 3.8831，表明两个指数的收益率分布都具有肥尾的特征。该模型的边际似然估计结果报告在表 3-8 中，从中可以看到四种算法给出的估计值相近。将表 3-8 的对数边际似然估计结果和表 3-5 的估计结果进行比较，得出的结论是，高斯 t 连接函数模型的表现要优于高斯正态连接函数模型。这在直觉上也可以理解，因为大量的实证表明，收益率的分布具有肥尾的特征，而高斯正态连接函数模型无法刻画这一收益率的特征，因此它对数据的拟合表现更差，对数边际似然更小。

在计算时间上，如表 3-9 的结果所示，同样，LWY 系列算法的计算时间大概只需要原始算法的 10%，大大提高了计算效率。由于此时模型更加复杂，TI 算法和 SS 算法所需要的总时间更长，LWY 系列算法的计算优势体现得更加明显。

三、t-t 连接函数模型

t-t 连接函数模型结合了 t 连接函数和 t 分布的边际分布特征。它在 t 时间点的对数似然函数形式为

$$\ln L_t = -\ln 2\pi - \frac{1}{2}\ln(1 - \delta^2) - \frac{\eta + 2}{2}\ln\left(1 + \frac{q_{1t}^2 + q_{2t}^2 - 2\delta q_{1t} q_{2t}}{2\eta(1 - \delta^2)}\right) -$$

$$\ln f(q_{1t}; \eta) - \ln f(q_{2t}; \eta) + \ln\left[f(z_{1t}; v) h_1^{1/2}\right] + \ln\left[f(z_{2t}; v) h_2^{1/2}\right]$$

其中：$\delta \in [-1,1]$，$q_{it} = F^{-1}[F(z_{it};v);\eta]$，$z_{it} = (r_{it}-\mu_i)h_i^{1/2}$。该模型的参数包括 $\theta = (\mu_1,h_1,\mu_2,h_2,\delta,v,\eta)'$。同时，我们指定如下的先验分布

$$\mu_i \sim N(0,25), i = 1,2$$

$$h_i \sim \Gamma(0.1,1), i = 1,2$$

$$\delta \sim U[-1,1]$$

$$v - 2 \sim Exp(1)$$

$$\eta - 2 \sim Exp(1)$$

其中：Γ 表示伽马分布，U 表示均匀分布，Exp 表示指数分布。

为了满足 C9，我们分别对 h_i、δ、v 和 η 进行重参数化，使用的转换函数分别为 $\phi(h_i) = \ln h_i \in \mathbb{R}$、$\phi(\delta) = \tan \dfrac{\pi}{2}\delta \in \mathbb{R}$、$\phi(v) = \ln(v-2) \in \mathbb{R}$、$\phi(\eta) = \ln(\eta-2) \in \mathbb{R}$。

该模型包含高斯 t 连接函数模型，即随着 $\eta \to \infty$，t-t 连接函数模型等价于高斯 t 连接函数模型。但是该模型比高斯 t 连接函数模型更加复杂，其抽样时间和似然函数的计算时间更长。对该模型进行一次后验抽样所需的时间约为 1h。该模型的参数估计、边际似然估计和计算时间的结果分别报告在表 3-10~表 3-12 中。

表 3-10　t-t 连接函数模型的参数估计结果

参数	μ_1	h_1	μ_2	h_2	δ	v	η
后验均值	0.0558	1.7318	0.0704	1.2037	0.8168	3.8832	3.6102
后验标准差	0.0115	0.0557	0.0139	0.0364	0.0051	0.1334	0.1413

表 3-11　t-t 连接函数模型的对数边际似然估计结果

算法	TI	TI-LWY	SS	SS-LWY
$S = 20$	-14694	-14689	-14689	-14687
$S = 40$	-14691	-14683	-14690	-14689
$S = 100$	-14691	-14681	-14692	-14687

表 3-12 t-t 连接函数模型的对数边际似然估计时间 单位：h

算法	TI	TI-LWY	SS	SS-LWY
$S=20$	24.45	3.50	25.41	4.09
$S=40$	49.72	5.78	52.49	6.28
$S=100$	120.85	12.20	127.58	13.58

从表 3-10 中可以看到，参数的估计结果是合理的。参数 η 的后验均值为 3.6102，表明两个指数的收益率分布具有较强的尾部相关性。该模型的边际似然估计结果报告在表 3-11 中，从中可以看到四种算法给出的估计值相近。将表 3-11 的对数边际似然估计结果和表 3-8 的估计结果进行比较，得到的结论是，t-t 连接函数模型的表现要优于高斯 t 连接函数模型。这在直觉上也可以理解，说明我们使用的两个收益率序列不仅具有整体上的相关性，还具有很强的尾部相关性。而高斯 t 连接函数无法刻画这一特征，因此它的对数似然函数值比 t-t 连接函数的更小，对数据的拟合表现不如t-t连接函数。

在计算时间上，如表 3-12 中的结果所示，同样，LWY 系列算法的计算时间大概只需原始算法的 10%，大大提高了计算效率。由于此时模型的似然函数和抽样非常复杂，TI 算法和 SS 算法所需要的总时间即使是在 $S=20$ 的情况下，也需要超过一天的时间，大大降低了算法的实用性。而 LWY 系列算法的计算时间相对来说要可行得多。

四、Clayton t 连接函数模型

Clayton t 连接函数模型结合了 Clayton 连接函数和 t 分布的边际分布特征，Clayton 连接函数的形式为

$$C(u_1,u_2;\delta) = (u_1^{-\delta} + u_2^{-\delta} - 1)^{-1/\delta}, 0 < \delta < \infty$$

其中：连接参数 $\delta>0$ 刻画了两个随机变量在左尾部分的相关性。CTC 模型在 t 时间点的对数似然函数形式为

$$\ln L_t = \ln(1+\delta) - (1+\delta)(\ln u_{1t} + \ln u_{2t}) - \left(2 + \frac{1}{\delta}\right)\ln(u_{1t}^{-\delta} + u_{2t}^{-\delta} - 1) +$$

$$\ln[f(z_{1t};v)\,h_1^{1/2}] + \ln[f(z_{2t};v)\,h_2^{1/2}]$$

其中：$u_{it} = F(z_{it}; v)$，$i = 1, 2$。该模型的参数包括 $\theta = (\mu_1, h_1, \mu_2, h_2, \delta, v)'$。同时，我们指定如下的先验分布

$$\mu_i \sim N(0, 25), i = 1, 2$$
$$h_i \sim \Gamma(0.1, 1), i = 1, 2$$
$$\delta \sim \Gamma[-1, 1]$$
$$v - 2 \sim Exp(1)$$

其中：Γ 表示伽马分布，Exp 表示指数分布。

为了满足 C9，我们分别对 h_i、δ 和 v 进行重参数化，使用的转换函数分别为 $\phi(h_i) = \ln h_i \in R$、$\phi(\delta) = \ln\delta \in R$、$\phi(v) = \ln(v-2) \in R$。

该模型不和前面三个连接函数中的任意一个具有嵌套关系。但是这并不妨碍我们基于边际似然（贝叶斯因子）来进行相关的模型比较。该模型的参数估计、边际似然估计和计算时间的结果分别报告在表 3-13 ~ 表 3-15 中。

表 3-13　Clayton t 连接函数模型的参数估计结果

参数	μ_1	h_1	μ_2	h_2	δ	v
后验均值	0.1638	1.9200	0.1920	1.3491	2.2459	2.5487
后验标准差	0.0110	0.0590	0.0134	0.0386	0.0447	0.0682

表 3-14　Clayton t 连接函数模型的对数边际似然估计结果

算法	TI	TI-LWY	SS	SS-LWY
$S = 20$	−15279	−15284	−15276	−15277
$S = 40$	−15280	−15278	−15281	−15276
$S = 100$	−15280	−15276	−15281	−15275

表 3-15　Clayton t 连接函数模型的对数边际似然估计时间　　单位：h

算法	TI	TI-LWY	SS	SS-LWY
$S = 20$	7.16	1.05	7.41	1.20
$S = 40$	13.86	1.70	14.89	1.89
$S = 100$	36.42	3.64	39.13	4.20

　　从表3-13中可以看到，参数的估计结果是合理的。参数δ的后验均值为2.2459，表明两个指数的收益率在左尾部分具有较强的相关性。该模型的边际似然估计结果报告在表3-14中，从中可以看到四种算法给出的估计值相近。基于估计出的边际似然值，我们发现Clayton t连接函数的对数边际似然值比较低，该模型对我们使用的数据的拟合表现并不好。这在直觉上也可以理解，因为Clayton t连接函数只允许变量在左尾具有相关性，无法刻画其右尾的相关性，而我们使用的数据在右尾也具有相关性。因此这里估计出来的Clayton t连接函数的对数边际似然值较小。

　　在计算时间上，如表3-15的结果所示，同样，LWY系列算法的计算时间大概只需原始算法的10%，大大提高了计算效率。

　　综合表3-5、表3-8、表3-11、表3-14的对数边际似然的估计结果，四个连接函数的模型比较结果为：t-t连接函数优于高斯t连接函数优于Clayton t连接函数优于高斯正态连接函数。综合表3-6、表3-9、表3-12、表3-15的结果，我们证实了LWY系列算法的计算效率优势。在该实验的抽样设定下，LWY系列算法的计算时间大概只需原始算法的10%。并且不难发现，随着S的增加，TI算法和SS算法的计算时间会线性地增加，因为幂后验抽样次数和似然函数的计算量会相应成比例地增加。但是LWY系列算法的计算时间随S增加而增加的速度会慢很多。这是因为LWY系列算法不用重复进行幂后验的抽样，增加S带来的额外的计算负担主要是每一次幂后验下的似然计算。

第四章
贝叶斯因子计算：基于幂后验、
重要性抽样和泰勒展开的改进算法

第一节　TI-LWY2 算法

在第三章中，我们提出了 TI-LWY 算法，减少了传统的 TI 算法要求的幂后验抽样所带来的麻烦，进一步提高了计算效率。但是，鉴于 TI-LWY 算法虽然节省了抽样的时间，但是对于每一个 $u(b)$ 的计算，需要计算 J 次似然函数，这仍然是一个不小的计算量。本节将进一步改进 TI-LWY 算法，简化计算，并证明估计量的理论性质。

考虑对数似然函数 $\ln p(y \mid \theta_b)$ 在极大似然估计量 $\hat{\theta}$ 附近一个小领域 $N_0(\delta)$ 的泰勒展开。根据极大似然估计量的一阶条件，我们有

$$\ln p(y \mid \theta_b) - \ln p(y \mid \hat{\theta}) = L^{(1)}(\hat{\theta})(\theta_b - \hat{\theta}) + \frac{1}{2}(\theta_b - \hat{\theta})' L^{(2)}(\theta_a)(\theta_b - \hat{\theta})$$

$$= \frac{1}{2}(\theta_b - \hat{\theta})' L^{(2)}(\theta_a)(\theta_b - \hat{\theta})$$

其中：$\theta_a = a\theta_b + (1 - a)\hat{\theta}, a \in [0,1]$，是一个介于参数 θ_b 与 $\hat{\theta}$ 之间的值。

基于以上泰勒展开和 TI 算法的基本思想，我们可以将对数边际似然推导为

$$\ln m(y) = \int_0^1 u(b)\mathrm{d}b = \int_0^1 \int_\Theta \ln p(y \mid \theta_b) p(\theta_b \mid y, b)\mathrm{d}\theta_b \mathrm{d}b$$

$$= \int_0^1 \int_\Theta [\ln p(y \mid \theta_b) - \ln p(y \mid \hat{\theta})] p(\theta_b \mid y, b)\mathrm{d}\theta_b \mathrm{d}b + \ln p(y \mid \hat{\theta})$$

$$= \int_0^1 \int_{N_0(\delta)} \left[\ln p(y \mid \theta_b) - \ln p(y \mid \hat{\theta}) \right] p(\theta_b \mid y, b) \mathrm{d}\theta_b \mathrm{d}b +$$

$$\int_0^1 \int_{\Theta \backslash N_0(\delta)} \left[\ln p(y \mid \theta_b) - \ln p(y \mid \hat{\theta}) \right] p(\theta_b \mid y, b) \mathrm{d}\theta_b \mathrm{d}b + \ln p(y \mid \hat{\theta})$$

$$= \int_0^1 \int_{N_0(\delta)} \frac{1}{2} (\theta_b - \hat{\theta})' L^{(2)}(\theta_a)(\theta_b - \hat{\theta}) \frac{p(\theta_b \mid y, b)}{p_A(\theta_b \mid y, b)} p_A(\theta_b \mid y, b) \mathrm{d}\theta_b \mathrm{d}b + \ln p(y \mid \hat{\theta}) + o(1)$$

$$= \int_0^1 \int_{N_0(\delta)} \frac{1}{2} (\theta_b - \hat{\theta})' L^{(2)}(\theta_a)(\theta_b - \hat{\theta}) w_A(\theta_b) p_A(\theta_b \mid y, b) \mathrm{d}\theta_b \mathrm{d}b + \ln p(y \mid \hat{\theta}) + o(1)$$

$$= \int_0^1 \frac{1}{2} \mathrm{tr} \left[L^{(2)}(\theta_a) \int_{N_0(\delta)} \left[(\theta_b - \hat{\theta})(\theta_b - \hat{\theta})' \right] w_A(\theta_b) p_A(\theta_b \mid y, b) \mathrm{d}\theta_b \right] \mathrm{d}b + \ln p(y \mid \hat{\theta}) + o(1)$$

其中：$w_A(\theta_b) = \dfrac{p(\theta_b \mid y, b)}{p_A(\theta_b \mid y, b)}$。经过以上变换可以看到，通过泰勒展开，将与 θ_b 无关的项 $\ln p(y \mid \hat{\theta})$ 拿到积分外面，并剩下一个二次型 $(\theta_b - \hat{\theta})' L^{(2)}(\theta_a)(\theta_b - \hat{\theta})$ 在积分内。在小领域 $N_0(\delta)$ 内，当样本量足够大时，$\theta_a \xrightarrow{p} \hat{\theta}$。因此该二次型只要求计算一次似然函数在极大似然估计值处的二阶导，而不用在蒙特卡罗积分过程中反复计算似然函数。

当然，根据后验分布及幂后验分布的伯恩斯坦-冯-米塞斯定理，当样本量足够大时，后验均值是收敛于极大似然估计值的。因此，进一步地，我们可以用后验均值 $\bar{\theta}$ 代替 $\hat{\theta}$，从而避免额外求一次极大似然估计量。

特别地，在第三章的假设条件下，我们给出如下定理。

定理 4-1：在 C1~C9 下，给定数据，给定一个固定的、有限的但足够大的 n，存在一个正整数 n^*，使得当 $n > n^*$ 时，对于幂系数 $b_s \in (1/n, 1]$，我们有

$$\frac{1}{2} \tilde{u}(b) + \ln p(y \mid \bar{\theta}) = u(b) + o(1)$$

其中：$o(1)$ 是样本量 n 的无穷小量。

$$\tilde{u}(b) = \mathrm{tr} \left[L^{(2)}(\bar{\theta}) V_b(\bar{\theta}) \right]$$

$$V_b(\bar{\theta}) = b^{-1} \int_\Theta \left[(\theta - \bar{\theta})(\theta - \bar{\theta})' \right] w_A(\theta_b) p(\theta \mid y) \mathrm{d}\theta$$

$$w_A(\theta_b) = \frac{p(\theta_b \mid y, b)}{p_A(\theta_b \mid y, b)}, \theta_b = \frac{1}{\sqrt{b}} (\theta - \bar{\theta}) + \bar{\theta}$$

其中：θ 是服从后验分布的参数，$\bar{\theta}$ 为后验均值，tr 表示矩阵的迹。

定理 4-1 表明，TI 算法里的每一个 $u(b)$ 项均可以写为 $1/2\tilde{u}(b)$ 加上一个调整项 $\ln p(y\mid\bar{\theta})$，即后验均值处的对数似然值。在进行 $\tilde{u}(b)$ 的计算时，无须反复地计算似然函数，可以进一步降低计算负担。定理 4-1 的证明见附录。

在实践中，基于后验分布的随机抽样值来估计 $\tilde{u}(b)$，我们可以给出如下两个推论。

推论 4-1：当模型是正确设定的，在 C1~C9 下，给定数据，给定一个固定的、有限的但足够大的 n，存在一个正整数 n^*，使得当 $n>n^*$ 时，对于幂系数 $b_s\in(1/n,1]$，令 $\theta_{1,(j)}$ $(j=1,2,\cdots,J)$ 为来自后验分布的参数抽样值，则当 $J\to\infty$，我们有

$$\tilde{u}(b)=\hat{\tilde{u}}_H(b)+o_p(1)$$

其中

$$\hat{\tilde{u}}_H(b)=\mathrm{tr}\left\{L^{(2)}(\bar{\theta}_J)\frac{1}{b}\sum_{j=1}^{J}\hat{w}_A(\theta_{b,(j)}^{tr})(\theta_{1,(j)}-\bar{\theta}_J)(\theta_{1,(j)}-\bar{\theta}_J)'\right\}$$

$$\bar{\theta}_J=\frac{1}{J}\sum_{j=1}^{J}\theta_{1,(j)},\theta_{b,(j)}^{tr}=\frac{1}{\sqrt{b}}(\theta_{1,(j)}-\bar{\theta}_J)+\bar{\theta}_J$$

$$\hat{w}_A(\theta_{b,(j)}^{tr})=\frac{\exp[\ln p(\theta_{b,(j)}^{tr})-\ln p(\theta_{1,(j)})]}{\sum_{j=1}^{J}\exp[\ln p(\theta_{b,(j)}^{tr})-\ln p(\theta_{1,(j)})]}$$

且 $o_p(1)$ 的随机性来自后验分布。推论 4-1 的证明见附录。

推论 4-2：当模型是正确设定的，在 C1~C9 下，给定数据，给定一个固定的、有限的但足够大的 n，存在一个正整数 n^*，使得当 $n>n^*$ 时，对于幂系数 $b_s\in(1/n,1]$，令 $\theta_{1,(j)}$ $(j=1,2,\cdots,J)$ 为来自后验分布的参数抽样值，则当 $J\to\infty$，我们有

$$\tilde{u}(b)=\hat{\tilde{u}}_V(b)+o_p(1)$$

其中

$$\hat{\tilde{u}}_V(b) = \mathrm{tr}\left\{ \left[-\frac{1}{J}\sum_{j=1}^{J}(\theta_{1,(j)} - \bar{\theta}_J)(\theta_{1,(j)} - \bar{\theta}_J)' \right]^{-1} \frac{1}{b}\sum_{j=1}^{J}\hat{w}_A(\theta_{b,(j)}^{tr}) \right.$$

$$\left. (\theta_{1,(j)} - \bar{\theta}_J)(\theta_{1,(j)} - \bar{\theta}_J)' \right\}$$

$$\bar{\theta}_J = \frac{1}{J}\sum_{j=1}^{J}\theta_{1,(j)}, \theta_{b,(j)}^{tr} = \frac{1}{\sqrt{b}}(\theta_{1,(j)} - \bar{\theta}_J) + \bar{\theta}_J$$

$$\hat{w}_A(\theta_{b,(j)}^{tr}) = \frac{\exp[\ln p(\theta_{b,(j)}^{tr}) - \ln p(\theta_{1,(j)})]}{\sum_{j=1}^{J}\exp[\ln p(\theta_{b,(j)}^{tr}) - \ln p(\theta_{1,(j)})]}$$

且 $o_p(1)$ 的随机性来自后验分布。推论 4-2 的证明和推论 4-1 类似，只不过换了一种近似海塞矩阵的方式。

以上两个推论给出了 $\tilde{u}(b)$ 的两种估计量。推论 4-1 是用 $L^{(2)}(\bar{\theta}_J)$ 近似 $L^{(2)}(\theta_a)$，而推论 4-2 是用基于后验抽样的方差-协方差矩阵的逆来近似 $L^{(2)}(\theta_a)$。推论 4-2 用后验方差-协方差矩阵近似海塞矩阵的理论依据就是后验分布的伯恩斯坦-冯-米塞斯定理，即 $\Sigma_n^{-\frac{1}{2}}(\theta - \hat{\theta})\mid y \xrightarrow{d} N(0, I_q)$，其中 $\Sigma_n = [-L_n^{(2)}(\hat{\theta})]^{-1}$。

而对于 $b_s \in [0, 1/n]$，仍可以按照 TI-LWY 算法进行估计。我们将上述改进的算法称为 TI-LWY2 算法，其实施步骤可以总结如下：

TI-LWY2 算法估计边际似然

（1）确定算法参数 S、J、J_0、c。

（2）在区间 $[0, 1]$ 中，依次选取一系列分割点 $\{b_s = (s/S)^c\}_{s=0}^{S}$ 满足

$$b_0 = 0 < b_1 < b_2 < \cdots < b_S = 1, c \geqslant 1。$$

（3）从参数的先验分布中抽取 J_0 组观测值 $\theta_{0,(j)}$，$j = 1, 2, \cdots, J_0$，并计算

$$\hat{u}_{\mathrm{LWY2}(H)}(0) = \hat{u}_{\mathrm{LWY2}(V)}(0) = \hat{u}(0) = \frac{1}{J_0}\sum_{j=1}^{J_0}\ln p(y\mid\theta_{0,(j)})$$

（4）当 $0 < b_s \leqslant 1/n$，计算

$$\hat{u}_{\mathrm{LWY2}(H)}(b_s) = \hat{u}_{\mathrm{LWY2}(V)}(b_s) = \hat{u}_{\mathrm{LWY}}(b_s) = \sum_{j=1}^{J_0}\ln p(y\mid\theta_{0,(j)})\hat{W}_{0b_s}(\theta_{0,(j)})$$

（5）从参数的后验分布中抽取 J 组观测值样本 $\theta_{1,(j)}$ $(j=1,2,\cdots,J)$；对参数进行重参数化 $\phi_{1,(j)} = g^{-1}(\theta_{1,(j)})$，得到 $\phi_{1,(j)}(j=1,2,\cdots,J)$。

（6）当 $1/n < b_s \leqslant 1$，做线性变换

$$\phi_{b_s,(j)}^{tr} = \frac{1}{\sqrt{b_s}}(\phi_{1,(j)} - \overline{\phi}_J) + \overline{\phi}_J, \overline{\phi}_J = \frac{1}{J}\sum_{j=1}^{J}\phi_{1,(j)}$$

并估计

$$\hat{\bar{u}}_H(b_s) = \text{tr}\left\{\left[g^{(1)}(\overline{\phi}_J)\right] L^{(2)}\left[g(\overline{\phi}_J)\right]\left[g^{(1)}(\overline{\phi}_J)\right]'\right.$$

$$\left.\frac{1}{b_s}\sum_{j=1}^{J}\hat{w}_A(\phi_{b_s,(j)}^{tr})(\phi_{1,(j)} - \overline{\phi}_J)(\phi_{1,(j)} - \overline{\phi}_J)'\right\}$$

或者

$$\hat{\bar{u}}_V(b_s) = \text{tr}\left\{\left[-\frac{1}{J}\sum_{j=1}^{J}(\phi_{1,(j)} - \overline{\phi}_J)(\phi_{1,(j)} - \overline{\phi}_J)'\right]^{-1}\right.$$

$$\left.\frac{1}{b_s}\sum_{j=1}^{J}\hat{w}_A(\phi_{b_s,(j)}^{tr})(\phi_{1,(j)} - \overline{\phi}_J)(\phi_{1,(j)} - \overline{\phi}_J)'\right\}$$

其中：$\hat{w}_A(\phi_{b_s,(j)}^{tr})$

$$= \frac{\exp\{\ln p[g(\phi_{b_s,(j)}^{tr})] + \ln g^{(1)}(\phi_{b_s,(j)}^{tr}) - \ln p[g(\phi_{1,(j)})] - \ln g^{(1)}(\phi_{1,(j)})\}}{\sum_{j=1}^{J}\exp\{\ln p[g(\phi_{b_s,(j)}^{tr})] + \ln g^{(1)}(\phi_{b_s,(j)}^{tr}) - \ln p[g(\phi_{1,(j)})] - \ln g^{(1)}(\phi_{1,(j)})\}}$$

进一步得到

$$\hat{u}_{\text{LWY2}(H)}(b_s) = \frac{1}{2}\hat{\bar{u}}_H(b_s) + \ln p[y \mid g(\overline{\phi}_J)]$$

或者

$$\hat{u}_{\text{LWY2}(V)}(b_s) = \frac{1}{2}\hat{\bar{u}}_V(b_s) + \ln p[y \mid g(\overline{\phi}_J)]$$

（7）采用梯形法则数值积分法，估计对数边际似然为

$$\ln \hat{m}_{\text{TI-LWY2}(H)}(y) = \sum_{s=0}^{S-1}(b_{s+1} - b_s)\frac{\hat{u}_{\text{LWY2}(H)}(b_{s+1}) + \hat{u}_{\text{LWY}(H)}(b_s)}{2}$$

> 或者
>
> $$\ln \hat{m}_{\text{TI-LWY2}(V)}(y) = \sum_{s=0}^{S-1} (b_{s+1} - b_s) \frac{\hat{u}_{\text{LWY2}(V)}(b_{s+1}) + \hat{u}_{\text{LWY}(V)}(b_s)}{2}$$

第二节 SS-LWY2 算法

在上一章，我们提出了 SS-LWY 算法，减少了传统的 SS 算法要求的幂后验抽样所带来的麻烦，进一步提高了计算效率。但是，鉴于 SS-LWY 算法虽然节省了抽样的时间，但是对于每一个 $r(b)$ 的计算，需要计算 J 次似然函数，这仍然是一个不小的计算量。本节将进一步改进 SS-LWY 算法，简化计算，并证明估计量的理论性质。

类似于 TI-LWY2 算法，基于泰勒展开和 SS 算法的基本思想，我们可以将边际似然推导为

$$m(y) = \prod_{s=0}^{S-1} r(b_s) = \prod_{s=0}^{S-1} \int_{\Theta} \exp[(b_{s+1} - b_s)\ln(y \mid \theta_{b_s})] p(\theta_{b_s} \mid y, b_s) \, \mathrm{d}\theta_{b_s}$$

$$= p(y \mid \hat{\theta}) \prod_{s=0}^{S-1} \int_{\Theta} \exp\{(b_{s+1} - b_s)[\ln(y \mid \theta_{b_s}) - \ln p(y \mid \hat{\theta})]\}$$
$$p(\theta_{b_s} \mid y, b_s) \, \mathrm{d}\theta_{b_s}$$

$$= p(y \mid \hat{\theta}) \prod_{s=0}^{S-1} \int_{\Theta} \exp\{(b_{s+1} - b_s)[\ln(y \mid \theta_{b_s}) - \ln p(y \mid \hat{\theta})]\}$$
$$\frac{p(\theta_{b_s} \mid y, b_s)}{p_A(\theta_{b_s} \mid y, b_s)} p_A(\theta_{b_s} \mid y, b_s) \, \mathrm{d}\theta_{b_s}$$

$$= p(y \mid \hat{\theta}) \prod_{s=0}^{S-1} \int_{\Theta} \exp\{(b_{s+1} - b_s)[\ln(y \mid \theta_{b_s}) - \ln p(y \mid \hat{\theta})]\}$$
$$w_A(\theta_{b_s}) p_A(\theta_{b_s} \mid y, b_s) \, \mathrm{d}\theta_{b_s}$$

$$= p(y \mid \hat{\theta}) \prod_{s=0}^{S-1} \int_{N_0(\delta)} \exp\{(b_{s+1} - b_s)[1/2 (\theta_{b_s} - \hat{\theta})' L^{(2)}(\theta_a)(\theta_{b_s} - \hat{\theta})]\}$$

$$w_A(\theta_{b_s})\,p_A(\theta_{b_s}\,|\,y,b_s)\mathrm{d}\theta_{b_s}\,+\,o(1)$$

其中：$\theta_a = a\theta_{b_s} + (1-a)\hat{\theta}, a \in [0,1]$，是一个介于参数 θ_{b_s} 与 $\hat{\theta}$ 之间的值。

$w_A(\theta_{b_s}) = \dfrac{p(\theta_b\,|\,y,b)}{p_A(\theta_b\,|\,y,b)}$。同理，通过泰勒展开，我们将与 θ_{b_s} 无关的项

$p(y\,|\,\hat{\theta})$ 拿到连乘符号外面，并剩下一个二次型 $(\theta_{b_s}-\hat{\theta})'L^{(2)}(\theta_a)(\theta_{b_s}-\hat{\theta})$ 在

积分内。在小领域 $N_0(\delta)$ 内，当样本量足够大时，$\theta_a \xrightarrow{p} \hat{\theta}$。因此该二次型

只要求计算一次似然函数在极大似然估计值（后验均值）处的二阶导，而

不用在蒙特卡罗积分过程中反复计算似然函数。

在第三章的假设条件下，我们给出如下定理。

定理4-2：在 C1~C9 下，给定数据，给定一个固定的、有限的但足够

大的 n，存在一个正整数 n^*，使得当 $n>n^*$ 时，对于幂系数 $b_s \in (1/n,1]$，

我们有

$$r(b_s) = p(y\,|\,\bar{\theta})\,\tilde{r}(b_s) + o(1)$$

其中：$o(1)$ 是样本量 n 的无穷小量

$$\tilde{r}(b_s) = \int_{\Theta}\exp\left\{(b_{s+1} - b_s)\left[\frac{1}{2b_s}(\theta - \bar{\theta})'L^{(2)}(\bar{\theta})(\theta - \bar{\theta})\right]\right\}w_A(\theta_{b_s})p(\theta\,|\,y)\mathrm{d}\theta$$

其中

$$w_A(\theta_{b_s}) = \frac{p(\theta_{b_s}\,|\,y,b_s)}{p_A(\theta_{b_s}\,|\,y,b_s)},\theta_{b_s} = \frac{1}{\sqrt{b_s}}(\theta - \bar{\theta}) + \bar{\theta}$$

其中 θ 是服从后验分布的参数，$\bar{\theta}$ 为后验均值。

类似于定理4-1，定理4-2表明，SS 算法里的每一个 $r(b_s)$ 项均可以

写为 $\tilde{r}(b_s)$ 乘以一个共同的调整项 $p(y\,|\,\bar{\theta})$，即后验均值处的似然值。同

样，$\tilde{r}(b_s)$ 的计算不需要反复地计算似然函数，因此可以进一步降低计算

负担。其证明思路和定理4-1类似，我们将以 TI-LWY2 算法为例给出证

明过程，而不再重复 SS-LWY2 算法的相关证明。

在实践中，基于后验分布的随机抽样值来估计 $\tilde{r}(b_s)$，我们可以给出

如下两个推论。

推论 4-3：当模型是正确设定的，在 C1～C9 下，给定数据，给定一个固定的、有限的但足够大的 n，存在一个正整数 n^*，使得当 $n>n^*$ 时，对于幂系数 $b_s \in (1/n,1]$，令 $\theta_{1,(j)}$ $(j=1,2,\cdots,J)$ 为来自后验分布的参数抽样值，则当 $J \to \infty$，我们有

$$\tilde{r}(b_s) = \hat{\tilde{r}}_H(b_s) + o_p(1)$$

其中

$$\hat{\tilde{r}}_H(b_s) = \sum_{j=1}^{J} \exp\left\{ (b_{s+1} - b_s)\left[\frac{1}{2b_s}(\theta_{1,(j)} - \bar{\theta}_J)' L^{(2)}(\bar{\theta}_J)(\theta_{1,(j)} - \bar{\theta}_J) \right] \right\} \hat{w}_A(\theta^{tr}_{b_s,(j)})$$

$$\bar{\theta}_J = \frac{1}{J}\sum_{j=1}^{J} \theta_{1,(j)}$$

$$\theta^{tr}_{b_s,(j)} = \frac{1}{\sqrt{b_s}}(\theta_{1,(j)} - \bar{\theta}_J) + \bar{\theta}_J$$

$$\hat{w}_A(\theta^{tr}_{b_s,(j)}) = \frac{\exp[\ln p(\theta^{tr}_{b_s,(j)}) - \ln p(\theta_{1,(j)})]}{\sum_{j=1}^{J} \exp[\ln p(\theta^{tr}_{b_s,(j)}) - \ln p(\theta_{1,(j)})]}$$

且 $o_p(1)$ 的随机性来自后验分布。

推论 4-4：当模型是正确设定的，在 C1～C9 下，给定数据，给定一个固定的、有限的但足够大的 n，存在一个正整数 n^*，使得当 $n>n^*$ 时，对于幂系数 $b_s \in (1/n,1]$，令 $\theta_{1,(j)}$ $(j=1,2,\cdots,J)$ 为来自后验分布的参数抽样值，则当 $J \to \infty$，我们有

$$\tilde{r}(b_s) = \hat{\tilde{r}}_V(b_s) + o_p(1)$$

其中

$$\hat{\tilde{r}}_V(b_s) = \sum_{j=1}^{J} \exp\left\{ (b_{s+1} - b_s)\left[-\frac{1}{2b_s}(\theta_{1,(j)} - \bar{\theta}_J)' V(\bar{\theta}_J)^{-1}(\theta_{1,(j)} - \bar{\theta}_J) \right] \right\} \hat{w}_A(\theta^{tr}_{b_s,(j)})$$

$$V(\bar{\theta}_J)^{-1} = \left[\frac{1}{J}\sum_{j=1}^{J}(\theta_{1,(j)} - \bar{\theta}_J)(\theta_{1,(j)} - \bar{\theta}_J)' \right]^{-1}$$

$$\bar{\theta}_J = \frac{1}{J}\sum_{j=1}^{J} \theta_{1,(j)}$$

$$\theta^{tr}_{b_s,(j)} = \frac{1}{\sqrt{b_s}}(\theta_{1,(j)} - \bar{\theta}_J) + \bar{\theta}_J$$

$$\hat{w}_A(\theta_{b_s,(j)}^{tr}) = \frac{\exp\big[\ln p(\theta_{b_s,(j)}^{tr}) - \ln p(\theta_{1,(j)})\big]}{\sum\limits_{j=1}^{J} \exp\big[\ln p(\theta_{b_s,(j)}^{tr}) - \ln p(\theta_{1,(j)})\big]}$$

且 $o_p(1)$ 的随机性来自后验分布。

以上两个推论给出了 $\tilde{r}(b_s)$ 的两种估计量。推论 4-3 是用 $L^{(2)}(\bar{\theta}_J)$ 近似 $L^{(2)}(\theta_a)$，而推论 4-4 是用基于后验抽样的方差-协方差矩阵的逆来近似 $L^{(2)}(\theta_a)$。和推论 4-2 一样，推论 4-4 用后验方差-协方差矩阵近似海塞矩阵的理论依据就是后验分布的伯恩斯坦-冯-米塞斯定理，即 $\Sigma_n^{-\frac{1}{2}}(\theta - \hat{\theta}) \mid y \xrightarrow{d} N(0, I_q)$，其中 $\Sigma_n = [-L_n^{(2)}(\hat{\theta})]^{-1}$。

对于 $b_s \in [0, 1/n]$，仍可以按照 SS-LWY 算法进行估计。我们将上述改进的算法称为 SS-LWY2 算法，其实施步骤可以总结如下：

SS-LWY2 算法估计边际似然

（1）确定算法参数 S、J、J_0、c。

（2）在区间 $[0, 1]$ 中，依次选取一系列分割点 $\{b_s = (s/S)^c\}_{s=0}^{S}$ 满足

$$b_0 = 0 < b_1 < b_2 < \cdots < b_S = 1, \quad c \geq 1;$$

并计算 $\hat{r}_{\text{LWY2}(H)}(0) = \hat{r}_{\text{LWY2}(V)}(0) = \hat{r}(0)$。

（3）从参数的先验分布中抽取 J_0 组观测值 $\theta_{0,(j)}$ $(j = 1, 2, \cdots, J_0)$。

（4）当 $0 < b_s \leq 1/n$，计算

$$\hat{r}_{\text{LWY}}(b_s) = \exp\big[(b_{s+1} - b_s)\bar{L}_0\big] \sum_{j=1}^{J_0} \exp\big[(b_{s+1} - b_s)(\ln p_\phi(y \mid \theta_{0,(j)}) - \bar{L}_0)\big]$$

$$\hat{W}_{0b_s}(\theta_{0,(j)})$$

$$\hat{r}_{\text{LWY2}(H)}(b_s) = \hat{r}_{\text{LWY2}(V)}(b_s) = \hat{r}_{\text{LWY}}(b_s)$$

（5）从参数的后验分布中抽取 J 组观测值样本 $\theta_{1,(j)}$ $(j = 1, 2, \cdots, J)$；对参数进行重参数化 $\phi_{1,(j)} = g^{-1}(\theta_{1,(j)})$，得到 $\phi_{1,(j)}(j = 1, 2, \cdots, J)$。

（6）当 $1/n < b_s \leq 1$，做线性变换

$$\phi_{b_s,(j)}^{tr} = \frac{1}{\sqrt{b_s}}(\phi_{1,(j)} - \bar{\phi}_J) + \bar{\phi}_J, \bar{\phi}_J = \frac{1}{J}\sum_{j=1}^{J} \phi_{1,(j)}$$

并估计

$$\hat{\bar{r}}_H(b_s) = \sum_{j=1}^{J} \exp\left\{ (b_{s+1} - b_s)\left[\frac{1}{2b_s}(\theta_{1,(j)} - \bar{\theta}_J)' L^{(2)}(\bar{\theta}_J)(\theta_{1,(j)} - \bar{\theta}_J)\right]\right\}$$
$$\hat{w}_A(\theta_{b_s,(j)}^{tr})$$

或者

$$\hat{\bar{r}}_V(b_s) = \sum_{j=1}^{J} \exp\left\{ (b_{s+1} - b_s)\left[-\frac{1}{2b_s}(\theta_{1,(j)} - \bar{\theta}_J)' V(\bar{\theta}_J)^{-1}(\theta_{1,(j)} - \bar{\theta}_J)\right]\right\}$$
$$\hat{w}_A(\theta_{b_s,(j)}^{tr})$$

其中：$\hat{w}_A(\phi_{b_s,(j)}^{tr})$

$$= \frac{\exp\{\ln p[g(\phi_{b_s,(j)}^{tr})] + \ln g^{(1)}(\phi_{b_s,(j)}^{tr}) - \ln p[g(\phi_{1,(j)})] - \ln g^{(1)}(\phi_{1,(j)})\}}{\sum_{j=1}^{J} \exp\{\ln p[g(\phi_{b_s,(j)}^{tr})] + \ln g^{(1)}(\phi_{b_s,(j)}^{tr}) - \ln p[g(\phi_{1,(j)})] - \ln g^{(1)}(\phi_{1,(j)})\}}$$

进一步得到

$$\ln \hat{r}_{\text{LWY2}(H)}(b_s) = \ln \hat{\bar{r}}_H(b_s) + \ln p[y \mid g(\bar{\phi}_J)]$$

或者

$$\ln \hat{r}_{\text{LWY2}(V)}(b_s) = \ln \hat{\bar{r}}_V(b_s) + \ln p[y \mid g(\bar{\phi}_J)]$$

（7）估计对数边际似然为

$$\ln \hat{m}_{\text{SS-LWY2}(H)}(y) = \sum_{s=0}^{S-1} \ln \hat{r}_{\text{LWY2}(H)}(b_s)$$

或者

$$\ln \hat{m}_{\text{SS-LWY2}(V)}(y) = \sum_{s=0}^{S-1} \ln \hat{r}_{\text{LWY2}(V)}(b_s)$$

第三节　应用实例：线性回归模型

本节将继续考察上一章的线性回归模型，使用 TI-LWY2 算法和 SS-LWY2 算法对模型的边际似然进行估计，检验 LWY2 系列算法的估计表现。

由于上一章已经详细介绍了模型的设定和抽样设计，故在此不再赘述。为便于对比，我们将前面的结果一并展示，如表4-1~表4-3所示。对比LWY2系列算法和LWY系列算法的表现，可以看到，LWY2的估计结果和LWY仍然是相近的，但LWY2的计算时间在LWY的基础上进一步减少，再次节省约90%的计算时间。在我们的实验模型和抽样设计下，LWY2算法的计算效率相比LWY算法提高10倍左右，相比原始的TI和SS算法提高100倍左右。

表4-1　模型 M_1 下对数边际似然估计的偏差以及标准误（$c=3$）

算法	TI	TI-LWY	TI-LWY2（H）	TI-LWY2（V）
$S=20$	−2.15（0.03）	−2.14（0.17）	−2.63（0.35）	−2.74（0.35）
$S=40$	−0.59（0.01）	−0.58（0.22）	−0.92（0.37）	−1.03（0.37）
$S=100$	−0.08（0.01）	−0.07（0.17）	−0.52（0.32）	−0.63（0.32）
算法	SS	SS-LWY	SS-LWY2（H）	SS-LWY2（V）
$S=20$	0.00（0.02）	0.01（0.13）	−0.83（0.23）	−0.92（0.23）
$S=40$	0.00（0.02）	0.02（0.19）	−0.61（0.31）	−0.72（0.31）
$S=100$	0.00（0.01）	0.02（0.16）	−0.53（0.30）	−0.64（0.29）

表4-2　模型 M_2 下对数边际似然的估计结果（$c=3$）

算法	TI	TI-LWY	TI-LWY2（H）	TI-LWY2（V）
$S=20$	−6514	−6518	−6518	−6534
$S=40$	−6513	−6518	−6519	−6534
$S=100$	−6513	−6517	−6517	−6532
算法	SS	SS-LWY	SS-LWY2（H）	SS-LWY2（V）
$S=20$	−6513	−6517	−6516	−6530
$S=40$	−6513	−6518	−6518	−6533
$S=100$	−6513	−6517	−6517	−6532

表4-3　线性回归模型对数边际似然的计算时间

模型	M_1（min）			M_2（h）		
算法	TI	TI-LWY	TI-LWY2	TI	TI-LWY	TI-LWY2
$S=20$	19.71	20.31	1.94	3.81	0.35	0.06
$S=40$	40.25	39.21	2.86	9.12	0.84	0.09
$S=100$	108.96	93.49	5.54	22.80	1.91	0.12
模型	M_1（min）			M_2（h）		
算法	SS	SS-LWY	SS-LWY2	SS	SS-LWY	SS-LWY2
$S=20$	28.45	28.30	2.71	4.69	0.65	0.11
$S=40$	56.39	55.76	4.21	9.96	1.03	0.12
$S=100$	142.42	133.96	7.13	25.96	2.29	0.15

第四节　应用实例：Copula 模型

本节继续对上一章的 Copula 模型进行考察，使用 TI-LWY2 算法和 SS-LWY2算法对模型的边际似然进行估计，检验 LWY2 系列算法的估计表现，如表4-4~表4-7所示。同样，LWY2 系列算法能给出合理可靠的边际似然估计。同时就计算效率而言，LWY2 系列算法相比 LWY 算法提高 10 倍左右，相比原始的 TI 和 SS 算法提高 100 倍左右。

表4-4　Copula 模型的对数边际似然估计结果（$c=3$）（TI 系列算法）

模型	GNC			
算法	TI	TI-LWY	TI-LWY2（H）	TI-LWY2（V）
$S=20$	−15726	−15729	−15728	−15728
$S=40$	−15720	−15721	−15720	−15719
$S=100$	−15717	−15718	−15718	−15717
模型	GTC			
算法	TI	TI-LWY	TI-LWY2（H）	TI-LWY2（V）
$S=20$	−14879	−14887	−14881	−14883
$S=40$	−14879	−14881	−14875	−14877
$S=100$	−14880	−14879	−14872	−14875

续表

模型	TTC			
算法	TI	TI-LWY	TI-LWY2（H）	TI-LWY2（V）
$S=20$	−14694	−14689	−14691	−14695
$S=40$	−14691	−14683	−14685	−14689
$S=100$	−14691	−14681	−14683	−14687
模型	CTC			
算法	TI	TI-LWY	TI-LWY2（H）	TI-LWY2（V）
$S=20$	−15279	−15284	−15281	−15281
$S=40$	−15280	−15278	−15276	−15277
$S=100$	−15280	−15276	−15274	−15275

表4-5　Copula 模型的对数边际似然估计结果（$c=3$）（SS 系列算法）

模型	GNC			
算法	SS	SS-LWY	SS-LWY2（H）	SS-LWY2（V）
$S=20$	−15722	−15720	−15720	−15720
$S=40$	−15720	−15719	−15718	−15718
$S=100$	−15718	−15719	−15718	−15717
模型	GTC			
算法	SS	SS-LWY	SS-LWY2（H）	SS-LWY2（V）
$S=20$	−14876	−14879	−14881	−14878
$S=40$	−14880	−14879	−14881	−14877
$S=100$	−14880	−14877	−14879	−14875
模型	TTC			
算法	SS	SS-LWY	SS-LWY2（H）	SS-LWY2（V）
$S=20$	−14689	−14687	−14686	−14688
$S=40$	−14690	−14689	−14686	−14689
$S=100$	−14692	−14687	−14685	−14687
模型	CTC			
算法	SS	SS-LWY	SS-LWY2（H）	SS-LWY2（V）
$S=20$	−15276	−15277	−15276	−15276
$S=40$	−15281	−15276	−15275	−15275
$S=100$	−15281	−15275	−15273	−15273

表 4-6 Copula 模型的对数边际似然计算时间 （$c=3$）（TI 系列算法）

模型	GNC （min）			GTC （h）		
算法	TI	TI-LWY	TI-LWY2	TI	TI-LWY	TI-LWY2
$S=20$	3.80	0.54	0.23	6.73	0.91	0.32
$S=40$	8.95	0.89	0.27	12.88	1.54	0.34
$S=100$	19.11	2.15	0.44	32.75	3.33	0.34
模型	TTC （h）			CTC （h）		
算法	TI	TI-LWY	TI-LWY2	TI	TI-LWY	TI-LWY2
$S=20$	24.45	3.50	1.26	7.16	1.05	0.37
$S=40$	49.72	5.78	1.27	13.86	1.70	0.37
$S=100$	120.85	12.20	1.27	36.42	3.64	0.38

表 4-7 Copula 模型的对数边际似然计算时间 （$c=3$）（SS 系列算法）

模型	GNC （min）			算法 GTC （h）		
算法	SS	SS-LWY	SS-LWY2	SS	SS-LWY	SS-LWY2
$S=20$	4.85	0.71	0.31	6.72	1.09	0.38
$S=40$	8.93	1.19	0.37	13.52	1.77	0.39
$S=100$	21.81	2.88	0.61	34.38	3.96	0.40
模型	TTC （h）			CTC （h）		
算法	SS	SS-LWY	SS-LWY2	SS	SS-LWY	SS-LWY2
$S=20$	25.41	4.09	1.48	7.41	1.20	0.42
$S=40$	52.49	6.28	1.40	14.89	1.89	0.42
$S=100$	127.58	13.58	1.41	39.13	4.20	0.43

第五章

贝叶斯因子计算：基于 R 语言的有效实现

第一节　R 语言基础

R 是被专门开发用于统计计算和绘图的一种语言和环境，是一套免费的开源的数据分析解决方案，被广泛应用于各个学科和领域的数据分析工作。R 由一个庞大且活跃的全球性研究型社区进行维护，具有丰富多样的程序包，大部分类型的数据分析工作可以在 R 中完成。不仅如此，R 平台还与其他常用的语言具有良好的兼容性，在 R 环境中可以很方便地调取其他语言的模块或函数，同时 R 的功能也可以被整合到其他语言编写的应用程序，如 C++、Java、Python、SAS 等。熟练掌握 R 语言可以帮助我们快速而灵活地完成在经济金融的研究中常见的数据清洗与处理、模型估计、统计分析、绘图、模拟实验、预测分析等工作。

R 可以在 CRAN（Comprehensive R Archive Network，http://cran.r-project.org）上免费下载和安装。同时，我们可以下载一个 RStudio 软件，其基于 R 语言，提供了一个包括脚本编辑、代码运行和程序纠错等功能的友好的交互界面，使用起来更加方便。

关于 R 的编程基础，由于不同领域、不同学科的使用者关注的问题不同，其使用 R 的主要目的不同，并且每个使用者的编程基础和编程经验不同，很难给出一个通用的 R 编程基础要求。笔者认为，从本书关注的问题范畴出发，使用 R 语言来实现本书的数据分析方法，其编程基础要求主要包括以下几个方面。

第一，读取数据，创建数据集。我们可以使用 R 语言，读取外部数据。比如，我们可以使用 read. table( ) 从带分隔符的文本文件中导入数据，使用 read. xlsx( ) 从 Excel 文件中导入数据，使用 spss. get( ) 来导入 SPSS 数据文件，使用 readsas7bdat( )、sas. get( ) 等函数导入 SAS 数据，使用 read. dta( ) 函数导入 Stata 数据等。同时，我们要了解 R 语言的主要数据结构，包括标量、向量、矩阵、数组、列表等，能够选取合适的数据结构储存相应的数据对象，进而定义变量、读取变量值、改变变量值等。

第二，定义函数，包括函数的名称、输入、内容、输出等。我们可以使用 R 语言的基础语法，以及 R 语言中丰富的安装包，来定义特定问题的特定函数。通过自定义函数，使用者可以使代码更加简捷、高效、易读。尤其是需要反复使用的一些运算规则，我们建议首先把这些运算规则封装成一个函数，便于在代码主体中需要的地方直接调用。

第三，灵活调用外部程序包及其内嵌的函数，以实现特定的编程目的。R 语言社区提供了丰富的程序包，并且每个程序包都有规范的使用手册和固定的维护者，管理规范，更新及时。但是，有时候对于一些前沿或者小众的模型或算法，可能尚无成熟的程序包来实现。这时，就需要使用者使用 R 语言的语法和安装包资源，来达到特定的数据分析目的。这种情况下，代码的主体是使用者搭建的，但在局部的实现细节上，可以根据需要寻找和使用其他安装包的函数。

第四，养成阅读程序包使用手册及使用"help"函数的习惯。在使用 R 语言进行编程时，使用者会接触到各种各样的函数。对于新接触到的程序包，为了防止函数的误用，以及代码运行时莫名的报错，我们首先需要认真阅读相关的使用手册；同时，对于某一个具体的函数，要养成随时通过 R 语言中自带的"help"函数查看函数细节的习惯。这有助于提高所编写代码的正确率，减少不必要的错误，提升代码编写的能力和效率。

第二节　基于 R 语言的贝叶斯抽样

在上一节，我们从本书关注的数据分析问题出发，总结了 R 语言编程基础的几个主要方面。在这一节，我们介绍在实现本书的算法过程中的重点和难点，即贝叶斯抽样。不同于频率学派的参数优化，贝叶斯学派的分析方法主要是基于参数的抽样来进行的。抽样技术在 21 世纪后得到了迅速的发展，也促进了贝叶斯分析在各个领域的应用。我们提到的贝叶斯抽样，是指从参数的后验分布（幂后验分布）中随机抽取一些观测值。

基于 R 的贝叶斯抽样有多种实现方法，下面我们介绍常用的几种，包括 R2WinBUGS、mcmc、RStan 等。

第一，R2WinBUGS 程序包。这是用于从 R 中调用 WinBUGS 软件的一个程序包。WinBUGS（Windows Bayesian Inference Using Gibbs Sampling）是一个专门进行贝叶斯抽样的软件，关于该软件的使用手册可见 Spiegelhalter 等（2003）。在 R2WinBUGS 程序包中，一个关键函数就是"bugs"。我们需要告诉"bugs"函数进行抽样所需要的数据、初始值、抽样规模、模型设定、参数等信息，然后"bugs"函数就能调用本地的 WinBUGS 软件（需要先下载在电脑本地）进行抽样。其中，最重要的一个信息就是"模型设定"。这需要专门写在一个文本文件中，按照 WinBUGS 的语法，来描述模型的设定，并让 WinBUGS 软件进行读取。下面，我们用一个简单的例子进行阐释。更多的例子可翻阅 WinBUGS 使用手册进行学习。

```
model {
  for (i in 1:n)
  {
      muy[i]<-beta[1]* x[i,1]+beta[2]* x[i,2]
      y[i]~dnorm(muy[i],isigma2)
  } #this is the end of i
  #prior
    beta[1]~dnorm(0.0,0.01)
    beta[2]~dnorm(1.0,0.01)
    isigma2~dgamma(1.0,1.0)
  } #end of model
```

　　上述代码向 WinBUGS 软件描述了这样一个模型设定，观测数据为 y[i]，i=1,2,…,n。每一个 y[i] 服从均值为 muy[i]、方差倒数为 isigma2（精度）的正态分布，其中 muy[i] 的值由给定的解释变量 x 决定，即"muy[i]<-beta[1] * x[i,1]+beta[2] * x[i,2]"。可见解释变量 x 包含两个变量。模型的参数包括 beta[1]、beta[2] 及 isigma2，它们的先验分布分别是均值为 0 方差为 100 的正态分布、均值为 1 方差为 100 的正态分布及形状参数为 1 速率参数为 1 的伽马分布。有了这个描述模型的文本文件后，再把其他的抽样设计规定好，就能使用"bugs"函数从 R 里调取 WinBUGS 软件进行抽样了。后续抽样结果的提取和处理也可以在 R 中通过相应的函数调用来完成。

　　第二，mcmc 软件包。mcmc 软件包提供了多种抽样的方法，可以供使用者根据需要使用。以安装包中的"metrop"函数为例，使用该函数进行贝叶斯抽样需要"告诉"函数，你的目标概率密度函数（对数值）、抽样初始值、抽样规模、数据等信息，然后"metrop"函数就可以自动进行抽样，所抽取的参数值来自使用者事先设定的目标分布。其实，在这里我们可以看到，虽然抽样的方法各不相同，但它们的思想是共通的；即给定数据、模型设定和参数的先验信息，从某个初始值出发，通过马尔可夫链迭代，近似后验分布（目标分布）。在 WinBUGS 工具中，所写的"模型文件"就包含了模型设定和参数的先验信息。而在 mcmc 的工具中，所写的"目标概率密度函数"，即目标分布，其本质上也包含了模型设定和参数先验信息。

　　第三，RStan 安装包。和 R2WinBUGS 类似，RStan 通过从 R 语言中调取抽样软件 Stan 来进行贝叶斯抽样。Stan 利用了更加高效的 Hamiltonian Monte Carlo 抽样方法（利用目标密度函数的梯度信息来指导参数的更新），可以实施并行抽样，因此比 WinBUGS 更加灵活和高效。并且，使用者在使用 Stan 时可以很方便地设定参数的界限。Stan 的运行逻辑和 WinBUGS 类似，都是通过使用者描述的一个统计模型，自动编译代码，并实现自动抽样。

　　以上介绍的贝叶斯抽样工具的使用不要求使用者有很扎实的贝叶斯理

论基础。使用者只要能够正确地描述统计模型，具有一定的编程语言基础，便可以独立地进行贝叶斯分析。这些软件的开发和推广也大大促进了贝叶斯分析在各个学科和领域的应用。本书算法的实现也正是得益于这些抽样技术的成熟和便利。

第三节　基于 R 语言的贝叶斯因子计算

我们以本书的应用模型为例，详细阐述如何利用 R 语言实现贝叶斯因子的计算。由于模型和算法较多，考虑篇幅的限制及代码的代表性，我们选取典型的几种组合进行代码阐释，并在附录展示完整代码。我们共选取四个模型，包括正态分布下的线性回归模型（TI 算法）、t 分布下的线性回归模型（SS 算法）、高斯正态连接函数模型（TI-LWY 算法）、高斯 t 连接函数模型（SS-LWY2 算法）。这四个模型既包括原始的 TI、SS 算法，又包括改进的 LWY 系列算法和 LWY2 系列算法；同时涵盖了贝叶斯抽样的三种常见方式，即直接抽样（分布有解析解）、调用外部软件抽样（WinBUGS）和使用 R 软件包（mcmc）抽样。在完成后验或幂后验抽样以后，即可根据正文的算法步骤依次进行计算，得到相应的估计结果。

实际上，实现本书涉及的算法，有三个共同的关键工作：似然函数的编写、先验分布的指定及参数的贝叶斯抽样（先验、后验、幂后验等）。

下面，我们就具体的例子进行阐释。

一、正态分布下的线性回归模型（TI 算法）

回顾该模型的模型设定和先验设定，即

$$y_i = \beta_1 + \beta_2 x_{i2} + \beta_3 x_{i3} + \beta_4 x_{i4} + \beta_5 x_{i5} + \epsilon_i, \epsilon_i \sim N(0, \sigma^2), i = 1, 2, \cdots, n$$

所使用的数据来自 1987 年加拿大温莎的 546 个房屋出售价格，以及房屋面积、卧室数量、浴室数量、储藏室数量等。先验分布为正态-伽马先验分布，即

$$\beta \sim N(\beta_0, h^{-1} V_0), h = \frac{1}{\sigma^2} \sim \Gamma(s, r)$$

其中：β_0、V_0 分别是先验分布的均值和方差–协方差矩阵。h 是方差的倒数，可以看作精度。s、r 分别是伽马分布的形状参数和速率参数。

$$\beta_0 = \begin{bmatrix} 0 \\ 10 \\ 5000 \\ 10000 \\ 10000 \end{bmatrix}$$

$$V_0 = \begin{bmatrix} 2.4 & 0 & 0 & 0 & 0 \\ 0 & 6.0 \times 10^{-7} & 0 & 0 & 0 \\ 0 & 0 & 0.15 & 0 & 0 \\ 0 & 0 & 0 & 0.60 & 0 \\ 0 & 0 & 0 & 0 & 0.60 \end{bmatrix}$$

$$s = 2.5, r = 6.26 \times 10^7$$

首先是似然函数的编写。已知 $\epsilon_i \sim N(0, \sigma^2)$，因此给定解释变量，被解释变量也服从正态分布，从而写出似然函数如下。其中：函数的输入值包括数据 y、x，以及参数 betas、isigma2（$h = 1/\sigma^2$），输出值为对数似然函数值。

```
loglikelihood<-function(y,x,betas,isigma2)
{
  n<-length(y)
  ll<-0.0
  for(i in 1:n)
  {
    ll<-ll+dnorm(y[i],mean=t(betas)% * % x[i,],sd=sqrt
(1/isigma2),log=TRUE)
  }
```

```
    return(ll)
}
```

　　其次是先验分布的指定。由以上给出的先验分布设定，我们可以写出对数先验概率密度函数如下。其中函数的输入值包括参数 betas、isigma2，以及参数先验分布的参数 beta0、V0、s、r，函数的输出值为给定先验分布下，先验分布在参数 betas、isigma2 处的对数先验概率密度函数。

```
logprior<-function(betas,isigma2,beta0,V0,s,r)
{
  prior<-dmvnorm(betas,mean=beta0,sigma=V0/isigma2,
          log=TRUE)
          +dgamma(isigma2,shape=s,rate=r,log=TRUE)
  return(prior)
}
```

　　最后是参数的贝叶斯抽样。TI 算法需要对每一个 bs 下的幂后验进行抽样，而在该模型中，参数的幂后验具有解析解。因此，我们直接编写如下函数（pos）进行幂后验抽样，编写函数（priordraw）进行参数的先验抽样。注意 pos 函数的一个输入值是 bs，即给定不同的幂系数，进行相应的幂后验分布抽样。当 bs 为 0 时，该函数的输出为先验分布的参数抽样值；而当 bs 为 1 时，该函数的输出为后验分布的参数抽样值。

```
pos<-function(y,x,beta0,V0,s,r,J,bs)
{
  n<-length(y)
  iV0<-solve(V0)
  Mu0<-beta0
  k<-length(Mu0)
```

```
  V1<-solve(bs* t(x)% * % x+iV0)
  Mu1<-V1% * % (bs* t(x)% * % y+iV0% * % Mu0)
  s1<-s+0.5* n* bs
  r1<-r+0.5* (bs* t(y)% * % y+t(Mu0)% * % iV0% * % Mu0-t
  (Mu1)% * % (bs* t(x)% * % x+iV0)% * % Mu1)
  draws<-matrix(data=NA,ncol=k+1,nrow=J)
  for(j in 1:J)
  {
    draws[j,k+1]<-rgamma(1,shape=s1,rate=r1)
    draws[j,1:k]<-t(mvrnorm(n=1,mu=Mu1,Sigma=V1/draws
    [j,k+1]))
  }
  return(draws)
}


priordraw<-function(y,x,beta0,V0,s,r,J)
{
  n<-length(y)
  k<-length(beta0)
  draws<-matrix(data=NA,ncol=k+1,nrow=J)
  for(j in 1:J)
  {
    draws[j,k+1]<-rgamma(1,shape=s,rate=r)
    draws[j,1:k]<-t(mvrnorm(n=1,mu=beta0,Sigma=V0/
    draws[j,k+1]))
  }
  return(draws)
}
```

做好以上准备工作后，给定分割点序列 b_s ($s = 0, 1, \cdots, S$)，我们可以基于 TI 算法计算每一个 $u(b_s)$ 并求得最终的对数边际似然估计值。核心代码部分如下，完整代码见附录。

```
for (b in 1:S)
{
  print(b)
  u_fp[b]<-0.0
  set.seed(b)
  posdraw<-pos(y,x,beta0,V0,s,r,J,bs[b])
  for(j in 1:J)
  {
    u_fp[b]<-u_fp[b]+loglikelihood(y,x,posdraw[j,1:k],
    posdraw[j,k+1])/J
  }
}
margin_fp<-0.5* bs[1]* u0+0.5* bs[2]* u_fp[1]+t(w)% * %
u_fp[2:(S-1)]+0.5* (bs[S]-bs[S-1])* u_fp[S]
```

二、t 分布下的线性回归模型（SS 算法）

回顾该模型的模型设定和先验设定，即

$$y_i = \beta_1 + \beta_2 x_{i2} + \beta_3 x_{i3} + \beta_4 x_{i4} + \beta_5 x_{i5} + \epsilon_i, \epsilon_i \sim t(0, \sigma^2, v), i = 1, 2, \cdots, n$$

所使用的数据以及先验分布的设定与上一个例子相同，另外对于参数 v，设定先验分布为 $v - 2 \sim Exp(0.05)$。

首先是似然函数的编写。已知 $\epsilon_i \sim t(0, \sigma^2, v)$，则给定解释变量，被解释变量也服从 t 分布，从而写出似然函数如下。其中函数的输入值包括模型的参数向量 para，以及数据 y、x，输出值为对数似然函数值。

```
llt<-function(para,y,x)
{
 n<-length(y)
 mu<-numeric(n)
 k<-length(x[1,])
 betas<-para[1:k]
 isigma2<-para[k+1]
 v<-para[k+2]
 ll<-numeric(n)
 for (i in 1:n)
 {
   mu[i]<-t(betas)%*% x[i,]
 ll[i]<-lgamma((v+1)/2)-lgamma(v/2)+0.5* log
 (isigma2/(pi* v))-0.5* (v+1)* log(1+isigma2* (y[i]
 -mu[i])^2/v)
 }
 loglike<-sum(ll)
 return(loglike)
}
```

其次是先验分布的指定。写出对数先验概率密度函数如下。其中函数的输入值包括参数 betas、isigma2、v，以及参数先验分布的参数 beta0、V0、s、r，函数的输出值为给定先验分布下，先验分布在参数 betas、isigma2 处的对数先验概率密度函数。

```
logprior<-function(betas,isigma2,v,beta0,V0,s,r)
{  prior <- dmvnorm (betas, mean = beta0, sigma = V0/
   isigma2,log=TRUE) +dgamma (isigma2,shape=s,rate=
   r,log=TRUE) +dexp(v-2,0.05,log=TRUE)
```

```
  return(prior)
}
```

　　最后是参数的贝叶斯抽样。SS 算法需要对每一个 b_s 下的幂后验进行抽样，而 t 分布下的线性回归模型，其参数的幂后验不再具有解析解。为了从参数的幂后验分布中进行抽样，我们通过 R 语言调用 WinBUGS 软件进行抽样。注意到，由于此时幂后验分布不是标准分布，我们在写给 WinBUGS 的 model. txt 文件中，需要利用"zeros trick"来定义这个特别的幂后验分布的概率密度函数。该 model. txt 文件内容如下。将该文件传输给 WinBUGS 后，可以进行相应的抽样。在 R 语言中，我们可以通过 R2WinBUGS 软件包实现在 R 中调用 WinBUGS 进行抽样，并读取抽样结果。具体的实现代码见附录。

```
model {
  c<-100000
  for (i in 1:n)
  {
      zeros[i]<-0
      muy[i]<-beta[1]* x[i,1]+beta[2]* x[i,2]+beta[3]*
      x[i,3]+beta[4]* x[i,4]+beta[5]* x[i,5]
      phi[i]<--bs* (loggam((v+1)/2)-loggam(v/2)+0.5*
      log(isigma2/(pi* v))-0.5* (v+1)* log(1+isigma2*
      pow((y[i]-muy[i]),2)/v))+c
      zeros[i]~dpois(phi[i])
} #this is the end of i
  #prior
    beta[1]~dnorm(0.0,0.42)
    beta[2]~dnorm(10.0,1666667)
```

```
  beta [3] ~ dnorm (5000.0, 6.67)

  beta [4] ~ dnorm (10000.0, 1.67)

  beta [5] ~ dnorm (10000.0, 1.67)

  isigma2 ~ dgamma (2.5, 62500000)

  vexp ~ dexp (0.05)

  v<-vexp+2

} #end of model
```

做好以上准备工作后，给定分割点序列 b_s（$s = 0, 1, \cdots, S$），我们可以基于 SS 算法计算每一个 $r(b_s)$ 并求得最终的对数边际似然估计值。核心代码部分如下，完整代码见附录。

```
for (b in 1:(S-1))
{
  print (b)
  data<-list (n=n, y=y, x=x, pi=pi, bs=bs [b])
  set. seed (b)
  fpt < - bugs (data, inits, parameters, model. file = " D:/
modelfp. txt", n. chains = nchains, n. iter = niter, n. burnin =
nburnin, n. thin = 3, DIC = FALSE, bugs. directory = "C:/Program
Files/WinBUGS14", working. directory = "D:/", debug = FALSE)
  mcmcbs0<-read. bugs ("D:/coda1. txt")
  mcmcbs1<-as. matrix (mcmcbs0)
  posdraw<-mcmcbs1
  Lpdfbs<-apply (posdraw, 1, llt, y, x)
  Lmaxbs<-max (Lpdfbs)
  ratio_ss [b] <-log (sum (exp ((bs [b+1] -bs [b]) * (Lpdfbs -
  Lmaxbs)))/J) + (bs [b+1] -bs [b]) * Lmaxbs
}
logmargin_ SS<-ratio_ ss0+sum ( ratio_ ss )
```

三、高斯正态连接函数模型（TI-LWY 算法）

回顾该模型的模型设定和先验设定，即

$$r_{1t} = \mu_1 + \sigma_1 z_{1t}, z_{1t} \sim N(0,1)$$

$$r_{2t} = \mu_2 + \sigma_2 z_{2t}, z_{2t} \sim N(0,1)$$

且 r_{1t}、r_{2t} 被一个高斯连接函数连接。指定如下的先验分布

$$\mu_i \sim N(0,25), i = 1,2$$

$$h_i \sim \Gamma(0.1,1), i = 1,2$$

$$\delta \sim U[-1,1]$$

其中：Γ 表示伽马分布，U 表示均匀分布。

首先是似然函数的编写。由于在 LWY 算法中涉及参数的重参数化，以使得定义在参数上的线性变换是合理的，这里我们需要写两个似然函数。一个是基于原参数的，另一个则是基于重参数化后的新参数的。其中函数的输入值包括数据及参数，输出值为对数似然函数值。

```
#对数似然函数（原参数）
ll<-function(para,r)
{
  #para includes mu1,h1,mu2,h2,delta
  n<-length(r[,1])
  mu1<-para[1]
  h1<-para[2] #1/sigma^2
  mu2<-para[3]
  h2<-para[4]
  delta<-para[5]
  z1<-(r[,1]-mu1)* sqrt(h1)
  z2<-(r[,2]-mu2)* sqrt(h2)
  ll<--n* log(2* pi)-0.5* n* log((1-delta^2)/(h1* h2))-
  sum(z1^2+z2^2-2* delta* z1* z2)/(2* (1-delta^2))
```

```
  return(ll)
}
#对数似然函数(重参数化后)
ll2<-function(para,r)
{
  #para includes mu1,h1,mu2,h2,delta
  n<-length(r[,1])
  mu1<-para[1]
  logh1<-para[2]
  mu2<-para[3]
  logh2<-para[4]
  tandelta<-para[5]
  h1<-exp(logh1)
  h2<-exp(logh2)
  delta<-atan(tandelta)* 2/pi
  z1<-(r[,1]-mu1)* sqrt(h1)
  z2<-(r[,2]-mu2)* sqrt(h2)
  ll<--n* log(2* pi)-0.5* n* log((1-delta^2)/(h1* h2))-
  sum(z1^2+z2^2-2* delta* z1* z2)/(2* (1-delta^2))
  return(ll)
}
```

其次是先验分布的指定。在使用 mcmc 程序包进行参数抽样时，必须定义先验分布密度，因为它是目标核密度函数的一部分。由以上给出的先验分布设定，我们可以写出对数先验概率密度函数如下，同样包括基于原参数和新参数两种情况。两种先验密度都可以使用，我们可以都写下来，在主体代码部分调用时，哪一个更方便就使用哪一个。

```
prior<-function(para,mu0,sd0,s0,r0)

{

  mu1<-para[1]

  h1<-para[2]

  mu2<-para[3]

  h2<-para[4]

  delta<-para[5]

  c1<-(h1>0)

  c2<-(h2>0)

  c3<-(delta>-1&delta<1)

  if(c1&c2&c3)

  {  p<-dnorm(mu1,mu0,sd0,log=TRUE)+dnorm(mu2,mu0,sd0,

     log=TRUE)+dgamma(h1,shape=s0,rate=r0,log=TRUE)+

     dgamma(h2,shape=s0,rate=r0,log=TRUE)+log(1/2)

  }

  else

    p<--Inf

  return(p)

}
```
#对数先验概率密度函数(重参数化后)
```
prior2<-function(para,mu0,sd0,s0,r0)

{

  mu1<-para[1]

  logh1<-para[2]

  mu2<-para[3]

  logh2<-para[4]

  tandelta<-para[5]

  h1<-exp(logh1)
```

```
h2<-exp(logh2)

delta<-atan(tandelta)*2/pi

c1<-(h1>0)

c2<-(h2>0)

c3<-(delta>-1&delta<1)

if(c1&c2&c3)

{   p<-dnorm(mu1,mu0,sd0,log=TRUE)+dnorm(mu2,mu0,sd0,
    log=TRUE)+dgamma(h1,shape=s0,rate=r0,log=TRUE)+
    dgamma(h2,shape=s0,rate=r0,log=TRUE)+log(1/2)+
    log(h1)+log(h2)+log(2/(pi*(1+tandelta^2)))
}

else

  p<--Inf

return(p)

}
```

　　最后是参数的贝叶斯抽样。为了使用 mcmc 程序包，我们需要给程序包中的函数 "metrop" 输入目标核函数、初始值、先验分布的参数等信息。其中最核心的就是对数目标核函数，在贝叶斯后验抽样的语境下，即对数先验概率密度和对数后验概率密度之和。定义对数目标核函数的代码如下。该函数的定义还调用了我们刚刚定义的对数似然函数和对数先验概率密度函数。并且，该函数的输入值包括一个幂参数 b_s，通过给 b_s 赋不同的值，可以得到相应的幂化后的对数目标核函数，从而进行幂后验抽样。这里由于我们阐释的是 TI-LWY 算法，不需要反复进行幂后验的抽样，因此这里直接取 b_s 的值为 1 即可。

```
#对数目标核函数（输入 mcmc 程序包的目标概率密度）

target<-function(para,r,bs,mu0,sd0,s0,r0)

{

  #para includes mu1,h1,mu2,h2,delta
```

```
n<-length(r[,1])
mu1<-para[1]
h1<-para[2] #sigma^2 1
mu2<-para[3]
h2<-para[4]
delta<-para[5]
p<-prior(para,mu0,sd0,s0,r0)
if (p! = -Inf)
{
  z1<-(r[,1]-mu1)* sqrt(h1)
  z2<-(r[,2]-mu2)* sqrt(h2)
  k<-(-n* log(2* pi)-0.5* n* log((1-delta^2)/(h1* h2))
  -sum(z1^2+z2^2-2* delta* z1* z2)/(2* (1-delta^2)))*
  bs+p
}
else
  k<--Inf
return(k)
}
```

做好以上准备工作后，给定分割点序列 b_s （$s=0,1,\cdots,S$），我们可以基于 TI-LWY 算法计算每一个 $u(b_s)$ 并求得最终的对数边际似然估计值。核心代码部分如下，完整代码见附录。

```
for (b in (cut+1):S)
{
  Lprior<-LLprior
  Lpriorbs<-numeric(J)
  Lpdf1<-LLpdf1
```

```
Lpdfbs<-numeric(J)
Lpdf1demean<-LLpdf1demean
print(b)
for (rep in1:J)
{
   posdrawbs[rep,]<-(posdraw2[rep,]-phibar)/sqrt(bs
[b])+phibar
   Lpriorbs[rep]<-prior2(posdrawbs[rep,],mu0=mu0,sd0=
   sd0,s0=s0,r0=r0)
   Lpdfbs[rep]<-ll2(posdrawbs[rep,],r)
}
index<-which(Lpdfbs==-Inf)
if(length(index)>0)
{
   Lpdfbs<-Lpdfbs[-index]
   Lpriorbs<-Lpriorbs[-index]
   Lpdfbsdemean<-Lpdfbs-mean(Lpdfbs)
   Lpdf1demean<-Lpdf1demean[-index]
   Lprior<-Lprior[-index]
}
Lpdfbsdemean<-Lpdfbs-mean(Lpdfbs)
weight_lwy<-exp(bs[b] * Lpdfbsdemean-Lpdf1demean+
Lpriorbs-Lprior)/sum(exp(bs[b] * Lpdfbsdemean-
Lpdf1demean+Lpriorbs-Lprior))
u_lwy[b]<-t(weight_lwy)% * % Lpdfbs
}
if(cut>=1)
{
```

```
set.seed(123)
posdraw0<-priordraw(r,mu0,sd0,s0,r0,J)
for(rep in 1:J)
{
  Lpdf0[rep]<-ll(posdraw0[rep,],r)
}
for (b in1:cut)
{ weight_lwy<-exp(bs[b]* Lpdf0-bs[b]* mean(Lpdf0))/
  sum(exp(bs[b]* Lpdf0-bs[b]* mean(Lpdf0)))
  u_lwy[b]<-t(weight_lwy)%*% Lpdf0
}
}
margin_lwy<-0.5* bs[1]* u0+0.5* bs[2]* u_lwy[1]+t(w)%
*% u_lwy[2:(S-1)]+0.5* (bs[S]-bs[S-1])* u_lwy[S]
```

四、高斯 t 连接函数模型（SS-LWY2 算法）

回顾该模型的模型设定和先验设定，即

$$r_{1t} = \mu_1 + \sigma_1 z_{1t}, z_{1t} \sim N(0,1)$$
$$r_{2t} = \mu_2 + \sigma_2 z_{2t}, z_{2t} \sim N(0,1)$$

且 r_{1t}、r_{2t} 被一个 t 连接函数连接。指定如下的先验分布

$$\mu_i \sim N(0,25), i = 1,2$$
$$h_i \sim \Gamma(0.1,1), i = 1,2$$
$$\delta \sim U[-1,1]$$
$$v - 2 \sim Exp(1)$$

其中 Γ 表示伽马分布，U 表示均匀分布，Exp 表示指数分布。

首先是似然函数的编写。由于在 LWY2 算法中也涉及参数的重参数化，以使得定义在参数上的线性变换是合理的，这里我们也需要写两个似然函数。一个是基于原参数的，另一个则是基于重参数化后的新参数的。其中函数的输入值包括数据及参数，输出值为对数似然函数值。

```
#对数似然函数
ll<-function(para,r)
{
  #para includes mu1,h1,mu2,h2,delta,v
  n<-length(r[,1])
  mu1<-para[1]
  h1<-para[2] #1/sigma^2
  mu2<-para[3]
  h2<-para[4]
  delta<-para[5]
  v<-para[6]
  z1<-(r[,1]-mu1)* sqrt(h1)
  z2<-(r[,2]-mu2)* sqrt(h2)
  cdf1<-pt(z1,v)
  index1<-which(cdf1==1)
  cdf1[index1]<-1-1.0e-16
  index1<-which(cdf1==0)
  cdf1[index1]<-1.0e-16
  cdf2<-pt(z2,v)
  index2<-which(cdf2==1)
  cdf2[index2]<-1-1.0e-16
  index2<-which(cdf2==0)
  cdf2[index2]<-1.0e-16
  q1<-qnorm(cdf1)
  q2<-qnorm(cdf2)
  ll<--0.5* n* log(1-delta^2)-sum(q1^2+q2^2-2* delta*
  q1* q2)/(2* (1-delta^2))+0.5* sum(q1^2+q2^2)+0.5* n*
  log(h1)+sum(dt(z1,v,log=TRUE))+0.5* n* log(h2)+sum
  (dt(z2,v,log=TRUE))
```

```
  return(ll)
}
#对数似然函数(重参数化后)
ll2<-function(para,r)
{
  #para includes mu1,h1,mu2,h2,delta,v
  mu1<-para[1]
  logh1<-para[2]
  mu2<-para[3]
  logh2<-para[4]
  tandelta<-para[5]
  logv<-para[6]
  h1<-exp(logh1)
  h2<-exp(logh2)
  delta<-atan(tandelta)*2/pi
  v<-exp(logv)+2
  z1<-(r[,1]-mu1)*sqrt(h1)
  z2<-(r[,2]-mu2)*sqrt(h2)
  cdf1<-pt(z1,v)
  index1<-which(cdf1==1)
  cdf1[index1]<-1-1.0e-16
  index1<-which(cdf1==0)
  cdf1[index1]<-1.0e-16
  cdf2<-pt(z2,v)
  index2<-which(cdf2==1)
  cdf2[index2]<-1-1.0e-16
  index2<-which(cdf2==0)
  cdf2[index2]<-1.0e-16
  q1<-qnorm(cdf1)
```

```
q2<-qnorm(cdf2)
ll<--0.5* n* log(1-delta^2)-sum(q1^2+q2^2-2* delta*
q1* q2)/(2* (1-delta^2))+0.5* sum(q1^2+q2^2)+0.5* n*
log(h1)+sum(dt(z1,v,log=TRUE))+0.5* n* log(h2)+sum
(dt(z2,v,log=TRUE))
return(ll)
}
```

其次是先验分布的指定，对数先验概率密度函数在原参数和新参数下的定义分别如下。

```
#对数先验概率密度函数
prior<-function(para,mu0,sd0,s0,r0)
{
  mu1<-para[1]
  h1<-para[2]
  mu2<-para[3]
  h2<-para[4]
  delta<-para[5]
  v<-para[6]
  c1<-(h1>0)
  c2<-(h2>0)
  c3<-(delta>-1&delta<1) #delta~U[-1,1]
  c4<-(v>2) # v-2~exp(1)
  if(c1&c2&c3&c4)
  {  p<-dnorm(mu1,mu0,sd0,log=TRUE)+dnorm(mu2,mu0,sd0,
     log=TRUE)+dgamma(h1,shape=s0,rate=r0,log=TRUE)+
     dgamma(h2,shape=s0,rate=r0,log=TRUE)+log(1/2)+
     dexp(v-2,rate=1,log=TRUE)
```

```
  }
  else
    p<--Inf

  return(p)
}
```

#对数先验概率密度函数(重参数化后)

```
prior2<-function(para,mu0,sd0,s0,r0)
{
  mu1<-para[1]
  logh1<-para[2]
  mu2<-para[3]
  logh2<-para[4]
  tandelta<-para[5]
  logv<-para[6]
  h1<-exp(logh1)
  h2<-exp(logh2)
  delta<-atan(tandelta)*2/pi
  v<-exp(logv)+2
  c1<-(h1>0)
  c2<-(h2>0)
  c3<-(delta>-1&delta<1) #delta~U[-1,1]
  c4<-(v>2) # v-2~exp(1)
  if(c1&c2&c3&c4)
  {  p<-dnorm(mu1,mu0,sd0,log=TRUE)+dnorm(mu2,mu0,sd0,
     log=TRUE)+dgamma(h1,shape=s0,rate=r0,log=TRUE)+
     dgamma(h2,shape=s0,rate=r0,log=TRUE)+log(1/2)+
     dexp(v-2,rate=1,log=TRUE)+log(h1)+log(h2)+log(2/
     (pi*(1+tandelta^2)))+log(v-2)
```

```
  }
  else
    p<--Inf
  return(p)
}
```

最后是参数的贝叶斯抽样。同样，使用 mcmc 程序包，定义对数目标核函数如下。

```
target<-function(para,r,bs,mu0,sd0,s0,r0)
{
  #para includes mu1,h1,mu2,h2,delta,v
  n<-length(r[,1])
  mu1<-para[1]
  h1<-para[2] #sigma^2 1
  mu2<-para[3]
  h2<-para[4]
  delta<-para[5]
  v<-para[6]
  p<-prior(para,mu0,sd0,s0,r0)
  if (p! = -Inf)
  {
    z1<-(r[,1]-mu1)* sqrt(h1)
    z2<-(r[,2]-mu2)* sqrt(h2)
    cdf1<-pt(z1,v)
    index1<-which(cdf1==1)
    cdf1[index1]<-1-1.0e-16
    index1<-which(cdf1==0)
    cdf1[index1]<-1.0e-16
```

```
    cdf2<-pt(z2,v)

    index2<-which(cdf2==1)

    cdf2[index2]<-1-1.0e-16

    index2<-which(cdf2==0)

    cdf2[index2]<-1.0e-16

    q1<-qnorm(cdf1)

    q2<-qnorm(cdf2)

    k<-(-0.5* n* log(1-delta^2)-sum(q1^2+q2^2-2* delta
    * q1* q2)/(2* (1-delta^2))+0.5* sum(q1^2+q2^2)+0.5*
    n* log(h1)+sum(dt(z1,v,log=TRUE))+0.5* n* log(h2)+
    sum(dt(z2,v,log=TRUE)))* bs+p
  }
  else
    k<--Inf
  return(k)
}
```

做好以上准备工作后，给定分割点序列 b_s（$s=0,1,\cdots,S$），我们可以基于 **SS-LWY2** 算法计算每一个 $r(b_s)$，并求得最终的对数边际似然估计值。核心代码部分如下，完整代码见附录。

```
for (b in (cut+1):(S-1))
{
  print(b)
  for (rep in1:J)
  {
    posdrawbs[rep,] <- (posdraw2[rep,]-phibar)/sqrt (bs
[b])+phibar
```

```
    Lpriorbs [rep] <-prior2 ( posdrawbs [rep,], mu0 =mu0,
sd0 =sd0, s0 =s0, r0 =r0 )
    tr_ H [rep] <-exp ( ( t ( posdraw2 [rep,] -phibar [1:
    length ( phibar ) ] ) % * % var _ H% * %  ( posdraw2
    [rep,] -phibar [1: length ( phibar ) ] ) * ( bs [b+1]
    -bs [b] ) / ( 2* bs [b] ) ) )


    tr_ V [rep] <-exp ( ( t ( posdraw2 [rep,] -phibar [1:
    length ( phibar ) ] ) % * % var _ V% * %  ( posdraw2
    [rep,] -phibar [1: length ( phibar ) ] ) * ( bs [b+1]
    -bs [b] ) / ( 2* bs [b] ) ) )
  }
  weight<-exp ( Lpriorbs -Lprior ) /sum ( exp ( Lpriorbs -
Lprior ) )
  r_ H [b] <-t ( weight ) % * % tr_ H
  r_ V [b] <-t ( weight ) % * % tr_ V
}
if ( cut>=1 )
{
  set. seed ( 100 )
  priordraw0<-priordraw ( r, mu0, sd0, s0, r0, J )
  Lpdf0<-priordraw0 $ ll0
  for ( b in 1: cut )
   {  weight0 < - exp ( bs [b] * Lpdf0 - bs [b] * mean
      ( Lpdf0 ) ) /sum ( exp ( bs [b] * Lpdf0 -bs [b] *
      mean ( Lpdf0 ) ) )
    r_ H [b] <-r_ V [b] <-t ( weight0 ) % * % exp ( ( bs [b+
1] -bs [b] ) * ( Lpdf0-llbar ) )
   }
  r0<-sum ( exp ( bs [1] * ( Lpdf0-llbar ) ) ) /J
}
logmargin_ H<-log ( r0 ) +sum ( log ( r_ H ) ) +llbar
logmargin_ V<-log ( r0 ) +sum ( log ( r_ V ) ) +llbar
```

第六章
结论及未来展望

第一节　结论

模型选择是一个重要的统计推断问题，而贝叶斯因子是常用的模型选择工具。针对贝叶斯因子在计算层面的困难，本书系统性地梳理和介绍了基于幂后验的贝叶斯因子的计算方法，并结合实例，比较了各算法的表现，详细介绍了该系列算法在 R 语言中的有效实现。

首先，在理论研究层面，我们提出并证明了幂后验的伯恩斯坦-冯-米塞斯定理，发现对于幂后验分布，当样本量足够大时，通过一个速率调整，会和原始的后验分布收敛于同一个正态分布。该定理直观地表明，似然函数幂化后得到的后验分布（幂后验分布），其分布中心不改变，只是分布的方差被相应地扩大了。这个方差的扩大可以理解为，似然函数幂化后，数据信息被打了折扣造成的。

其次，在算法设计层面，基于幂后验的伯恩斯坦-冯-米塞斯定理，我们提出了 TI-LWY、SS-LWY 算法来改进原始的 TI、SS 算法。改进算法结合了幂后验估计边际似然（贝叶斯因子）的优点，同时利用了重要性抽样的便利，避免了重复的幂后验抽样，计算效率大大提高。而针对 TI-LWY、SS-LWY 算法重复计算似然的缺点，我们又基于泰勒展开，进一步对其进行了优化，提出了 TI-LWY2 算法和 SS-LWY2 算法。LWY2 系列算法只需从后验分布中抽样一次，而且避免了大量的似然函数计算，计算效率进一步提高。在一个通常的抽样设置下，LWY2 系列算法的计算效率相比 LWY 系列算法提高了 10 倍左右，相比 TI、SS 算法则提高了 100 倍左右。

再次，我们还以 TI 算法框架为例，给出了贝叶斯因子（边际似然）的 TI 估计量、TI-LWY 估计量、TI-LWY2 估计量的理论性质，弥补了文献中只重视算法设计而忽略算法理论性质的不足。

最后，我们介绍了相关算法在 R 语言中的有效实现。R 语言作为最常用的统计分析工具之一，其免费开源的便利性、简明易读的语法、灵活丰富的程序包，以及和其他软件/平台良好的交互性与兼容性，使其在学术界和企业界都被广泛地应用。我们从 R 语言基础、基于 R 语言的贝叶斯抽样及基于 R 语言的贝叶斯因子计算三个层面，逐步深入地阐释了如何在 R 语言中实现本书的相关算法，并在附录中给出了完整代码，可供感兴趣的读者进行复现和实验。

第二节　不足之处及研究展望

本书涉及的所有算法都是基于幂后验的构造来进行的。因此，对相关算法的改进，其可优化的上界是由幂后验的性质决定的。特别地，我们提出 TI-LWY 算法，弥补了 TI 算法需要反复进行幂后验抽样的不足；而进一步地，我们提出了 TI-LWY2 算法，弥补了 TI-LWY 算法需要反复进行似然函数计算的不足。考虑到 TI-LWY2 算法的计算效率已经比 TI 算法提高了 100 倍左右，其已经简捷到只需进行一次后验抽样和一次似然函数计算，那么想要进一步沿着"简化不必要的计算"的思路提高算法的计算效率，其探索空间已经相当有限。也就是说，如果还想进一步优化贝叶斯因子的计算，可能需要转而对幂后验本身的性质进行研究，而不是局限在现有的幂后验的框架下进行算法改进。

实际上，现有的幂后验的构造方式是有明显缺陷的。根据幂后验的定义，对于幂系数 $b \in [0,1]$，随着 b 的增大，幂后验分布慢慢从先验分布靠近后验分布。但是，先验分布通常和数据信息无关，而后验分布往往以数据信息为主。这就导致了先验分布和后验分布的形态差别一般很大。对于 0 附近的幂系数，由于其刚刚开始吸收数据信息，其分布形态的变化会非常剧烈，并最终导致计算误差的增加，以及数值计算的不稳定性。实际上，我们如果画出 $u(b)$ 的曲线，其中横轴为 b、纵轴为 $u(b)$，会发现该曲线是一个面向横轴的递增凹函数，且在 0 附近变动非常剧烈，而在靠近 1 的地方趋于平缓。TI 算法的离散误差主要来源于 0 附近的 $u(b)$ 曲线的数值积分，且蒙特卡罗误差也主要来源于 0 附近的 $u(b)$ 的估计。由于 TI-LWY 算法和 TI-LWY2 算法都是对 TI 算法的一个近似，因此，TI-LWY 算法和 TI-LWY2 算法同样有这个问题。SS 系列算法同理。这些都是由现有的幂后验构造方式的缺陷引起的。

一个潜在的研究方向是转而对幂后验的构造进行改进，避免其在 b 等于 0 附近发生急剧的变化。在附录 4 中，我们证明了 $u'(b) = Var_{\theta_b}|_{y,b}[\ln p(y|\theta_b)]$。因此，如果 $u(b)$ 曲线能够更加平坦，其可以同时降低 TI 算法的离散误差和蒙特卡罗误差，从而大大提高算法的估计表现。此外，幂后验除了用于边际似然（贝叶斯因子）的计算以外，还有很多广泛的用途，比如高维积分、并行计算、模型误设下的稳健的统计推断等。对这些问题的探索在大数据时代背景下变得更加急迫和重要。我们也将其作为进一步的研究方向，继续探索。

参考文献

［1］程开明，李泗娥. 科学研究中的 P 值：误解、操纵及改进［J］. 数量经济技术经济研究，2019a，36（7）：117-136.

［2］程开明，李泗娥. P 值操纵：不可忽视的统计现象［J］. 中国统计，2019b，446（2）：32-34.

［3］高磊，刘乐平，卢志义. 大数据背景下贝叶斯模型平均的理论突破与应用前景［J］. 统计与信息论坛，2016，31（6）：14-22.

［4］洪永淼，汪寿阳. 大数据、机器学习与统计学：挑战与机遇［J］. 计量经济学报，2021，1（1）：17-35.

［5］李勇，倪中新. 金融 ARCH 模型的贝叶斯检验和模型选择［J］. 中国管理科学，2008，16（6）：24-28.

［6］彭家龙，刘次华，王剑. Ar 模型定阶的贝叶斯因子方法［J］. 湖北工业大学学报，2007，22（1）：13-15.

［7］AKAIKE H. Information theory and an extension of the maximum likelihood principle. In：2nd International Symposium on Information Theory［C］. edited by B. N. Petrov and F. Csáki. Budapest：Akadémiai Kiadó（Hungarian Academy of Sciences Publishing House），1973：267-281.

［8］ARDIA D, BASTURK N, HOOGERHEIDE L, et al. A comparative study of Monte Carlo methods for efficient evaluation of marginal likelihood［J］. Computational Statistics & Data Analysis，2012，56（11）：3398-3414.

［9］BAYARRI M J, BENJAMIN D J, BERGER J O, et al. Rejection odds and rejection ratios：A proposal for statistical practice in testing hypotheses［J］. Journal of Mathematical Psychology，2016（72）：90-103.

［10］CARLIN B P, CHIB S. Bayesian model choice via Markov Chain Monte Carlo methods［J］. Journal of the Royal Statistical Society. Series B

（Methodological），1995，57（3）：473-484.

[11] CHEN C. On asymptotic normality of limiting density functions with Bayesian implications [J]. Journal of the Royal Statistical Society Series B (Methodological)，1985（47）：540-546.

[12] CHERUBINI U, LUCIANO E, VECCHIATO W. Copula methods in finance [M]. Hoboken：John Wiley & Sons, 2004.

[13] CHERUBINI U, MULINACCI S, GOBBI F, et al. Dynamic copula methods in finance [M]. Hoboken：John Wiley & Sons, 2011.

[14] CHIB S. Marginal likelihood from the Gibbs output [J]. Journal of the American Statistical Association, 1995, 90（432）：1313-1321.

[15] CHIB S, JELEZKOV I. Marginal likelihood from the Metropolis-Hastings output [J]. Journal of the American Statistical Association, 2001, 96（453）：270-281.

[16] DICICCIO T J, KASS R E, RAFTERY A, et al. Computing Bayes factors by combining simulation and asymptotic approximations [J]. Journal of the American Statistical Association, 1997, 92（439）：903-915.

[17] DICKEY J M. The weighted likelihood ratio, linear hypotheses on normal location parameters [J]. Annals of Mathematical Statistics, 1971, 42（1）：204-223.

[18] DIENES Z. How Bayes factors change scientific practice [J]. Journal of Mathematical Psychology, 2016（72）：78-89.

[19] FISHER R A. Statistical methods for research workers [M]. Edinburgh：Oliver and Boyd, 1925.

[20] FRIEL N, PETTITT A N. Marginal likelihood estimation via power posteriors [J]. Journal of the Royal Statistical Society, 2008, 70（3）：589-607.

[21] GELFAND A E, DEY D K. Bayesian model choice：Asymptotics and exact calculations [J]. Journal of the Royal Statistical Society. Series B (Methodological)，1994，56（3）：501-514.

[22] FAMA E F, FRENCH K R. Common risk factors in the returns on stocks and bonds [J]. Journal of Financial Economics, 1993（33）：3-56.

［23］ GELMAN A, CARLIN J B, STERN H S, et al. Bayesian data analysis ［M］. 2nd ed. Boca Raton: Chapman & Hall/CRC, 2004.

［24］ GEWEKE J. Bayesian inference in econometric models using Monte Carlo integration ［J］. Econometrica, 1989 (57): 1317-1339.

［25］ GEWEKE J. Bayesian model comparison and validation ［J］. American Economic Review, 2007, 97 (2): 60-64.

［26］ GREEN P. Reversible Jump Markov Chain Monte Carlo computation and Bayesian model determination ［J］. Biometrika, 1995, 82 (4): 711-732.

［27］ HAMILTON J D. Time series analysis ［M］. Princeton: Princeton University Press, 1994.

［28］ HAN C, CARLIN B P. Markov Chain Monte Carlo methods for computing Bayes factors: A comparative ［J］. Journal of the American Statistical Association, 2001, 96 (455): 1122-1132.

［29］ HASSLER U. Ergodic for the mean ［J］. Economics Letters, 2017 (151): 75-78.

［30］ HELD L, OTT M. How the maximal evidence of p-values against point null hypotheses depends on sample size ［J］. The American Statistician, 2016, 70 (4): 335-341.

［31］ JEFFREYS H. Some tests of significance, treated by the theory of probability ［J］. Procedings of the Cambridge Philosophy Society, 1935 (31): 203-222.

［32］ HELD L, OTT M. On p-values and Bayes factors ［J］. Annual Review of Statistics and Its Application, 2018 (5): 393-419.

［33］ JEFFREYS H. Theory of probability ［M］. 3rd ed. Oxford: Clarendon Press, Oxford University Press, 1961.

［34］ JOHNSON V E. Revised standards for statistical evidence ［J］. Proceedings of the National Academy of Sciences, 2013, 110 (48): 19313-19317.

［35］ JONES G L. On the Markov Chain central limit theorem ［J］. Probability Survey, 2004 (1): 299-320.

［36］ KASS R E, RAFTERY A E. Bayes factors ［J］. Journal of the American

Statistical Association, 1995, 90 (430): 773-795.

[37] HARVEY C R. Presidential address: The scientific outlook in financial economics [J]. Journal of Finance, 2017, 72 (4): 1399-1440.

[38] HARVEY C R, LIU Y. A census of the factor zoo [EB/OL]. Working paper, 2019. Available at SSRN: https: //ssrn. com/abstract=3341728.

[39] HERBST E P, SCHORFHEIDE F. Bayesian estimation of DSGE models [M]. Princeton: Princeton University Press, 2015.

[40] HOU K, XUE C, ZHANG L. Replicating anomalies [J]. The Review of Financial Studies, 2020, 33 (5): 2019-2133.

[41] HURN S, MARTIN V, PHILLIPS P C B, et al. Financial econometric modeling [M]. Oxford: Oxford University Press, 2020.

[42] KASS R E, TIERNEY L, KADANE J B. The validity of posterior expansions based on Laplace method [M]. In: Geisser S, Hodges J S, Press S J, Zellner A, eds. Bayesian and likelihood methods in statistics and econometrics: Essays in honor of George A. Barnard. Elsevier Science Publishers B. V.: North-Holland, 1990, 7: 473-488.

[43] KILGORE R T, THOMPSON D B. Estimating joint flow probabilities at stream confluences by using copulas [J]. Transportation Research Record, 2011 (2262): 200-206.

[44] KLEIJN B J K, VAN DER VAART A W. The Bernstein-Von-Mises theorem under misspecification [J]. Electronic Journal of Statistics, 2012 (6): 354-381.

[45] KOOP G. Bayesian econometrics [M]. Hoboken: Wiley-Interscience, 2003.

[46] LI M Y, BOEHNKE M, ABECASIS G R, et al. Quantitative trait linkage analysis using Gaussian copulas [J]. Genetics, 2006 (173): 2317-2327.

[47] LI Y, WANG N L, YU J. Improved marginal likelihood estimation via power posteriors and importance sampling [J]. Journal of Econometrics, 2023 (234): 28-52.

[48] LINTNER J. The valuation of risk assets and the selection of risky investments in stock portfolios and capital budgets [J]. Review of Economics and

Statistics, 1965 (47): 13-37.

[49] LLORENTE F, MARTINO L, DELGADO D, et al. Marginal likelihood computation for model selection and hypothesis testing: An extensive review [EB/OL]. Working paper, 2021. arXiv preprint arXiv: 2005. 08334.

[50] LIU X B, LI Y, ZENG T, et al. Posterior-based Wald-type statistics for hypothesis testing [J]. Journal of Econometrics, 2022, 230 (1): 83-113.

[51] MCNEIL A J, FREY R, EMBRECHTS P. Quantitative risk management: Concepts, techniques and tools [M]. Princeton: Princeton University Press, 2005.

[52] MULLER U K. Risk of Bayesian inference in misspecified models, and the sandwich covariance matrix [J]. Econometrica, 2013, 81 (5): 1805-1849.

[53] NEAL R M. Annealed importance sampling [J]. Statistics and Computing, 2001 (11): 125-139.

[54] NEWTON M A, RAFTERY A E. Approximate Bayesian inference by the weighted likelihood bootstrap [J]. Journal of the Royal Statistical Society: Series B (Methodological), 1994, 56 (1): 3-26.

[55] PETERS G W, MATSUI T. Theoretical aspects of spatial-temporal modeling [M]. New York: Springer, 2015.

[56] ROSS S A. The arbitrage theory of capital asset pricing [J]. Journal of Economic Theory, 1976 (13): 341-360.

[57] SALVADORI G, MICHELE C D, KOTTEDOGA N T, et al. Extremes in nature: An approach using copulas [M]. Dordrecht: Springer, 2007.

[58] SCHERVISH M J. Theory of statistics [M]. New York: Springer Science & Business Media, 2012.

[59] SCHWARZ G. Estimating the dimension of a model [J]. The Annals of Statistics, 1978, 6 (2): 461-464.

[60] SHARPE W F. Capital asset prices: A theory of market equilibrium under conditions of risk [J]. Journal of Finance, 1964, 19: 425-442.

[61] SPIEGELHALTER D, THOMAS A, BEST N, et al. WinBUGS user manual

［M］. Cambridge：MRC Biostatistics Unit，Institute of Public Health，2003.

［62］ TABOGA M. Lectures on probability theory and mathematical statistics ［M］. North Charleston：CreateSpace Independent Publishing Platform，2012.

［63］ TRIVEDI P K，ZIMMER D M. Copula modeling：An introduction for practitioners ［M］. Delft：Now Publishers，2005.

［64］ VALENTIN A，SANDER G，BLAKE M，et al. Scientists rise up against statistical significance ［J］. Nature，2019（567）：305-307.

［65］ VERDINELLI I，WASSERMAN L. Computing Bayes factors using a generalization of the Savage-Dickey density ratio ［J］. Journal of the American Statistical Association，1995，90（430）：614-618.

［66］ VOVK V G. A logic of probability，with application to the foundations of statistics ［J］. Journal of the Royal Statistical Society：Series B（Methodological），1993，55（2）：317-351.

［67］ XIE W，LEWIS P O，FAN Y，et al. Improving marginal likelihood estimation for Bayesian phylogenetic model selection ［J］. Systematic Biology，2011，60（2）：150-160.

［68］ ZHAO Z，SEVERINI T A. Integrated likelihood computation methods ［J］. Computational Statistics，2017，32（1）：281-313.

附录 1
定理 2-1 的证明

z_{nb} 的幂后验概率密度 $p(z_{nb} \mid y, b)$ 可以被分为两部分：

$$p(z_{nb} \mid y, b) = \frac{\mid b^{-1} \Sigma_n \mid^{1/2} p(y \mid \theta_b)^b p(\theta_b)}{m(y \mid b)}$$

$$= \left[\frac{\mid b^{-1} \Sigma_n \mid^{1/2} p(y \mid \hat{\theta})^b p(\theta^0)}{m(y \mid b)} \right] \left[\frac{p(\theta_b)}{p(\theta^0)} \frac{p(y \mid \theta_b)^b}{p(y \mid \hat{\theta})^b} \right] \quad (1)$$

为了证明幂后验的伯恩斯坦-冯-米塞斯定理，我们需要证明 z_{nb} 以总变差收敛到正态分布，即对于任意的 $\varepsilon > 0$，有

$$\lim_{n \to \infty} P_0 \left(\sup_{B \sqsubseteq A_{nb}} \left| \int_B \left[p(z_{nb} \mid y, b) - (2\pi)^{-q/2} \exp\left(-\frac{z'_{nb} z_{nb}}{2} \right) \right] dz_{nb} \right| > \varepsilon \right) = 0$$

$$(2)$$

其中 $B \sqsubseteq A_{nb}$ 是一个波尔集。

注意到，对于任意的 $B \sqsubseteq A_{nb}$，

$$\left| \int_B \left[p(z_{nb} \mid y, b) - (2\pi)^{-q/2} \exp\left(-\frac{z'_{nb} z_{nb}}{2} \right) \right] dz_{nb} \right|$$

$$\leqslant \int_B \left| p(z_{nb} \mid y, b) - (2\pi)^{-q/2} \exp\left(-\frac{z'_{nb} z_{nb}}{2} \right) \right| dz_{nb}$$

$$\leqslant \int_{A_{nb}} \left| p(z_{nb} \mid y, b) - (2\pi)^{-q/2} \exp\left(-\frac{z'_{nb} z_{nb}}{2} \right) \right| dz_{nb} \quad (3)$$

因此，如果公式（4）成立，则公式（2）成立。

$$\lim_{n \to \infty} P_0 \left(\int_{A_{nb}} \left| p(z_{nb} \mid y, b) - (2\pi)^{-q/2} \exp\left(-\frac{z'_{nb} z_{nb}}{2} \right) \right| dz_{nb} > \varepsilon \right) = 0 \quad (4)$$

对于公式（4）的被积函数，我们有

$$\left| p(z_{nb} \mid y, b) - (2\pi)^{-q/2} \exp\left(-\frac{z'_{nb} z_{nb}}{2} \right) \right|$$

$$= \left| \frac{|b^{-1}\Sigma_n|^{1/2} p(y|\hat{\theta})^b p(\theta^0)}{m(y|b)} \frac{p(\theta_b)}{p(\theta^0)} \frac{p(y|\theta_b)^b}{p(y|\hat{\theta})^b} - (2\pi)^{-q/2} \exp\left(-\frac{z'_{nb}z_{nb}}{2}\right) \right|$$

$$\leq \left| \frac{|b^{-1}\Sigma_n|^{1/2} p(y|\hat{\theta})^b p(\theta^0)}{m(y|b)} \frac{p(\theta_b)}{p(\theta^0)} \frac{p(y|\theta_b)^b}{p(y|\hat{\theta})^b} - (2\pi)^{-q/2} \frac{p(\theta_b)}{p(\theta^0)} \frac{p(y|\theta_b)^b}{p(y|\hat{\theta})^b} \right|$$

$$+ \left| (2\pi)^{-q/2} \frac{p(\theta_b)}{p(\theta^0)} \frac{p(y|\theta_b)^b}{p(y|\hat{\theta})^b} - (2\pi)^{-q/2} \exp\left(-\frac{z'_{nb}z_{nb}}{2}\right) \right|$$

$$= \left| \frac{|b^{-1}\Sigma_n|^{1/2} p(y|\hat{\theta})^b p(\theta^0)}{m(y|b)} - (2\pi)^{-q/2} \right| \times \frac{p(\theta_b)}{p(\theta^0)} \frac{p(y|\theta_b)^b}{p(y|\hat{\theta})^b} + (2\pi)^{-q/2}$$

$$\left| \frac{p(\theta_b)}{p(\theta^0)} \frac{p(y|\theta_b)^b}{p(y|\hat{\theta})^b} - \exp\left(-\frac{z'_{nb}z_{nb}}{2}\right) \right| \tag{5}$$

基于公式（5），可以看到为了证明公式（4），我们可以证明对于任意的 $\varepsilon > 0$，以下两个公式均成立。

$$\lim_{n\to\infty} P_0 \left(\left| \frac{|b^{-1}\Sigma_n|^{1/2} p(y|\hat{\theta})^b p(\theta^0)}{m(y|b)} - (2\pi)^{-q/2} \right| > \varepsilon \right) = 0 \tag{6}$$

$$\lim_{n\to\infty} P_0 \left(\int_{A_{nb}} \left| \frac{p(\theta_b)}{p(\theta^0)} \frac{p(y|\theta_b)^b}{p(y|\hat{\theta})^b} - \exp\left(-\frac{z'_{nb}z_{nb}}{2}\right) \right| \mathrm{d}z_{nb} > \varepsilon \right) = 0 \tag{7}$$

首先，我们定义一些符号。对于任意的 $\varepsilon \in (0,1)$，选择 $\eta > 0$ 使得

$$1 - \varepsilon \leq \frac{1-\eta}{(1+\eta)^{q/2}}, 1 + \varepsilon \geq \frac{1+\eta}{(1-\eta)^{q/2}} \tag{8}$$

根据 A10，先验分布在 θ^0 处连续，因此存在 $\delta_1 = \delta_1(\eta) > 0$，使得当 $\|\theta_b - \theta^0\| \leq \delta_1$ 时，我们有

$$| p(\theta_b) - p(\theta^0) | \leq \eta p(\theta^0) \tag{9}$$

进一步，根据 A8，存在 $\delta_2 = \delta_2(\eta) > 0$，使得

$$\lim_{n\to\infty} P_0 \left(\sup_{\theta \in N_0(\delta_2), \|r_0\|=1} | 1 + r'_0 \Sigma_n^{1/2} L_n^{(2)}(\theta) \Sigma_n^{1/2} r_0 | < \eta \right) = 1 \tag{10}$$

令 $\delta = \min\{\delta_1, \delta_2\}$，$N_0(\delta)$ 为以 θ^0 为中心、以 δ 为半径的开球。

首先，我们证明公式（6）。我们从 $m(y|b)$ 开始

$$m(y \mid b) = \int_{N_0(\delta)} \underbrace{p\ (y \mid \theta_b)^b p(\theta_b) \mathrm{d}\theta_b}_{K_1} + \int_{\Theta \setminus N_0(\delta)} \underbrace{p\ (y \mid \theta_b)^b p(\theta_b) \mathrm{d}\theta_b}_{K_2} \quad (11)$$

先处理 K_1 项。回顾 $z_{nb} = (b^{-1}\Sigma_n)^{-1/2}\ (\theta_b - \hat{\theta})$，因此 $\theta_b = \hat{\theta} + (b^{-1}\Sigma_n)^{1/2} z_{nb}$。对 $\ln p(y \mid \theta_b)^b = b\ln p\ (y \mid \theta_b)$ 在 $\hat{\theta}$ 附近做泰勒展开，我们有

$$b\ln p(y \mid \theta_b) - b\ln p(y \mid \hat{\theta}) = \frac{1}{2} b b^{-1} z'_{nb} \Sigma_n^{1/2} \frac{\partial^2 \ln p(y \mid \tilde{\theta}_b)}{\partial \theta_b \partial \theta'_b} \Sigma_n^{1/2} z_{nb}$$

$$= -\frac{1}{2} z'_{nb} \Sigma_n^{1/2} \left[\Sigma_n^{-1} - \frac{\partial^2 \ln p(y \mid \tilde{\theta}_b)}{\partial \theta_b \partial \theta'_b} - \Sigma_n^{-1} \right] \Sigma_n^{1/2} z_{nb}$$

$$= -\frac{1}{2} z'_{nb} [I_q - R_n(\tilde{\theta}_b, y)] z_{nb} \quad (12)$$

其中 $\tilde{\theta}_b$ 介于 θ_b 和 $\hat{\theta}$ 之间

$$R_n(\tilde{\theta}_b, y) = I_q + \Sigma_n^{1/2} \frac{\partial^2 \ln p(y \mid \tilde{\theta}_b)}{\partial \theta_b \partial \theta'_b} \Sigma_n^{1/2} \quad (13)$$

因此

$$K_1 = p\ (y \mid \hat{\theta})^b \int_{N_0(\delta)} \exp[b(\ln p(y \mid \theta_b) - \ln p(y \mid \hat{\theta}))] p(\theta_b) \mathrm{d}\theta_b$$

$$= p\ (y \mid \hat{\theta})^b \int_{N_0(\delta)} \exp\left[-\frac{1}{2} z'_{nb} [I_q - R_n(\tilde{\theta}_b, y)] z_{nb} \right] p(\theta_b) \mathrm{d}\theta_b \quad (14)$$

从公式（9），我们有

$$(1 - \eta) p(\theta^0) p\ (y \mid \hat{\theta})^b K_{12} < K_1 < (1 + \eta) p(\theta^0) p\ (y \mid \hat{\theta})^b K_{12} \quad (15)$$

其中：$K_{12} = \int_{N_0(\delta)} \exp\left[-\frac{1}{2} z'_{nb} [I_q - R_n(\tilde{\theta}_b, y)] z_{nb} \right] \mathrm{d}\theta_b$

令 $r_0 = z_{nb} / \|z_{nb}\|$，使得 $\|r_0\| = 1$。于是，我们得到

$$r'_0 R_n(\tilde{\theta}_b, y) r_0 = r'_0 r_0 + r'_0 \Sigma_n^{1/2} \frac{\partial^2 \ln p(y \mid \tilde{\theta}_b)}{\partial \theta_b \partial \theta'_b} \Sigma_n^{1/2} r_0$$

$$= 1 + r'_0 \Sigma_n^{1/2} \frac{\partial^2 \ln p(y \mid \tilde{\theta}_b)}{\partial \theta_b \partial \theta'_b} \Sigma_n^{1/2} r_0 \quad (16)$$

注意到 $\hat{\theta} \xrightarrow{P_0} \theta^0$，因此依概率 1，$\hat{\theta} \in N_0(\delta)$ 成立，并且当 $\theta_b \in N_0(\delta)$，$\tilde{\theta}_b$ 也一

定属于 $N_0(\delta)$。根据公式（10），我们有

$$\lim_{n\to\infty} P_0\left(\sup_{\tilde\theta_b\in N_0(\delta),\|r_0\|=1} |r_0'R_n(\tilde\theta_b,y)\,r_0| < \eta\right) = 1 \qquad (17)$$

因此

$$K_{12} = \int_{N_0(\delta)} \exp\left[-\frac{1}{2}z_{nb}'[I_q - R_n(\tilde\theta_b,y)]z_{nb}\right]d\theta_b$$

$$= \int_{N_0(\delta)} \exp\left[-\frac{1}{2}\|z_{nb}\|^2 r_0'[I_q - R_n(\tilde\theta_b,y)]r_0\right]d\theta_b$$

$$= \int_{N_0(\delta)} \exp\left[-\frac{1}{2}\|z_{nb}\|^2[1 - r_0'R_n(\tilde\theta_b,y)r_0]\right]d\theta_b \qquad (18)$$

根据公式（17），有

$$\int_{N_0(\delta)} \exp\left[-\frac{1+\eta}{2}\|z_{nb}\|^2\right]d\theta_b \leqslant K_{12} \leqslant \int_{N_0(\delta)} \exp\left[-\frac{1-\eta}{2}\|z_{nb}\|^2\right]d\theta_b$$

$$(19)$$

进一步，我们有

$$\int_{N_0(\delta)} \exp\left[-\frac{1\pm\eta}{2}\|z_{nb}\|^2\right]d\theta_b = \int_{N_0(\delta)} \exp\left[-\frac{1\pm\eta}{2}z_{nb}'z_{nb}\right]d\theta_b$$

$$= (2\pi)^{\frac{q}{2}}(1\pm\eta)^{-\frac{q}{2}}|b^{-1}\Sigma_n|^{1/2}\Phi(c_n) \qquad (20)$$

其中：$\Phi(c_n)$ 是一个标准多元正态分布的随机变量落在 c_n 中的概率，

$$c_n = \{t:t = (1\pm\eta)^{\frac{1}{2}}z_{nb} = (1\pm\eta)^{\frac{1}{2}}(b^{-1}\Sigma_n)^{-1/2}(\theta_b - \hat\theta), \theta_b \in N_0(\delta)\}$$

$$(21)$$

进一步，可以看到

$$t = (1\pm\eta)^{\frac{1}{2}}\sqrt{n}\,b^{\frac{1}{2}}(n\Sigma_n)^{-1/2}(\theta_b - \hat\theta)$$

$$= \sqrt{n}\,(1\pm\eta)^{\frac{1}{2}}b^{\frac{1}{2}}(n\Sigma_n)^{-1/2}(\theta_b - \theta^0 + \theta^0 - \hat\theta)$$

$$= \sqrt{n}\,(1\pm\eta)^{\frac{1}{2}}b^{\frac{1}{2}}(n\Sigma_n)^{-1/2}(\theta_b - \theta^0) +$$

$$(1\pm\eta)^{\frac{1}{2}}b^{\frac{1}{2}}(n\Sigma_n)^{-1/2}\sqrt{n}(\theta^0 - \hat\theta) \qquad (22)$$

根据 A5，$\sqrt{n}\,\Sigma_n^{\frac{1}{2}} = O_p(1)$，同时根据 $\hat\theta$ 的中心极限定理，$\sqrt{n}(\theta^0 - \hat\theta) =$

$O_p(1)$。因此，当 $n \to +\infty$，我们有 $\Phi(c_n) \overset{P_0}{\to} 1$。因此依概率 1，我们有

$$(2\pi)^{\frac{q}{2}} \frac{|b^{-1} \Sigma_n|^{\frac{1}{2}}}{(1+\eta)^{\frac{q}{2}}} \leqslant K_{12} \leqslant (2\pi)^{\frac{q}{2}} \frac{|b^{-1} \Sigma_n|^{\frac{1}{2}}}{(1-\eta)^{\frac{q}{2}}} \tag{23}$$

结合公式（8）、公式（15）、公式（23），我们有

$$\lim_{n \to \infty} P_0 \left[(2\pi)^{\frac{q}{2}} |b^{-1} \Sigma_n|^{\frac{1}{2}} (1-\varepsilon) \leqslant \frac{K_1}{p(\theta^0) p(y \mid \hat{\theta})^b} \right.$$

$$\left. \leqslant (2\pi)^{\frac{q}{2}} |b^{-1} \Sigma_n|^{\frac{1}{2}} (1+\varepsilon) \right] = 1 \tag{24}$$

令 $\varepsilon \to 0$，我们有

$$\frac{K_1}{|b^{-1} \Sigma_n|^{\frac{1}{2}} p(y \mid \hat{\theta})^b p(\theta^0)} \overset{P_0}{\to} (2\pi)^{\frac{q}{2}} \tag{25}$$

下面我们处理 K_2 项。根据 A7，当 $\theta_b \in \Theta \backslash N_0(\delta)$，$\ln p(y \mid \theta_b) - \ln p$ $(y \mid \theta^0) \leqslant -\lambda_n^{-1} K(\delta) \leqslant -|\Sigma_n|^{-\frac{1}{q}} K(\delta)$ 依概率 1 成立。于是，我们有

$$K_2 = \int_{\Theta \backslash N_0(\delta)} p(y \mid \theta_b)^b p(\theta_b) \mathrm{d}\theta_b$$

$$= p(y \mid \theta^0)^b \int_{\Theta \backslash N_0(\delta)} \exp[b(\ln p(y \mid \theta_b) - \ln p(y \mid \theta^0))] p(\theta_b) \mathrm{d}\theta_b$$

$$\leqslant p(y \mid \hat{\theta})^b \int_{\Theta \backslash N_0(\delta)} \exp[b(\ln p(y \mid \theta_b) - \ln p(y \mid \theta^0))] p(\theta_b) \mathrm{d}\theta_b$$

$$\leqslant p(y \mid \hat{\theta})^b \exp[-b|\Sigma_n|^{-\frac{1}{q}} K(\delta)] \int_{\Theta \backslash N_0(\delta)} p(\theta_b) \mathrm{d}\theta_b$$

$$\leqslant p(y \mid \hat{\theta})^b \exp[-b|\Sigma_n|^{-\frac{1}{q}} K(\delta)] \tag{26}$$

因此，当 $n \to +\infty$，有

$$\frac{K_2}{|b^{-1} \Sigma_n|^{\frac{1}{2}} p(y \mid \hat{\theta})^b p(\theta^0)} \leqslant \frac{\exp[-b|\Sigma_n|^{-\frac{1}{q}} K(\delta)]}{|b^{-1} \Sigma_n|^{\frac{1}{2}} p(\theta^0)}$$

$$= \frac{n^{\frac{q}{2}} \exp[-nb|n\Sigma_n|^{-\frac{1}{q}} K(\delta)]}{|b^{-1} n \Sigma_n|^{\frac{1}{2}} p(\theta^0)} \overset{P_0}{\to} 0 \tag{27}$$

结合公式（11）、公式（25）、公式（27），我们有

$$\frac{\mid b^{-1}\, \Sigma_n \mid^{\frac{1}{2}} p\, (y \mid \hat{\theta})^b p(\theta^0)}{m(y \mid b)} \xrightarrow{P_0} (2\pi)^{-\frac{q}{2}} \tag{28}$$

公式（6）得证。

其次，证明公式（7）。公式（7）等价于

$$\lim_{n\to\infty} P_0 \left(\int_{A_{nb}} \left| p(\theta_b) \frac{p\,(y \mid \theta_b)^b}{p\,(y \mid \hat{\theta})^b} - p(\theta^0) \exp\left(-\frac{z'_{nb} z_{nb}}{2} \right) \right| \mathrm{d}z_{nb} > \varepsilon \right) = 0 \tag{29}$$

记

$$A_{1n} = \{ z_{nb} : \hat{\theta} + b^{-1/2} \Sigma_n^{1/2} z_{nb} \in N_0(\delta) \},$$

$$A_{2n} = \{ z_{nb} : \hat{\theta} + b^{-1/2} \Sigma_n^{1/2} z_{nb} \in \Theta \backslash N_0(\delta) \},$$

$$J_{n0} = p(\theta_b) \frac{p\,(y \mid \theta_b)^b}{p\,(y \mid \hat{\theta})^b} - p(\theta^0) \exp\left(-\frac{z'_{nb} z_{nb}}{2} \right),$$

$$J_n = \int_{A_n} \mid J_{n0} \mid \mathrm{d}z_{nb} = J_{1n} + J_{2n}, J_{1n} = \int_{A_{1n}} \mid J_{n0} \mid \mathrm{d}z_{nb}, J_{2n} = \int_{A_{2n}} \mid J_{n0} \mid \mathrm{d}z_{nb} \tag{30}$$

从公式（30）可以看出，要证明公式（29），我们只需证明

$$J_{1n} \xrightarrow{P_0} 0, J_{2n} \xrightarrow{P_0} 0 \tag{31}$$

先证明 $J_{1n} \xrightarrow{P_0} 0$。注意到

$$J_{1n} = \int_{A_{1n}} \left| p(\theta_b) \frac{p\,(y \mid \theta_b)^b}{p\,(y \mid \hat{\theta})^b} - p(\theta^0) \exp\left(-\frac{z'_{nb} z_{nb}}{2} \right) \right| \mathrm{d}z_{nb}$$

$$\leqslant \int_{A_{1n}} \left| p(\theta_b) \frac{p\,(y \mid \theta_b)^b}{p\,(y \mid \hat{\theta})^b} - p(\theta_b) \exp\left(-\frac{z'_{nb} z_{nb}}{2} \right) \right| \mathrm{d}z_{nb} +$$

$$\int_{A_{1n}} \left| p(\theta_b) \exp\left(-\frac{z'_{nb} z_{nb}}{2} \right) - p(\theta^0) \exp\left(-\frac{z'_{nb} z_{nb}}{2} \right) \right| \mathrm{d}z_{nb} \tag{32}$$

从公式（32）可以看出，要证明 $J_{1n} \xrightarrow{P_0} 0$，我们只需证明

$$\int_{A_{1n}} \left| p(\theta_b) \frac{p\,(y \mid \theta_b)^b}{p\,(y \mid \hat{\theta})^b} - p(\theta_b) \exp\left(-\frac{z'_{nb} z_{nb}}{2} \right) \right| \mathrm{d}z_{nb} \xrightarrow{P_0} 0 \tag{33}$$

以及

$$\int_{A_{1n}} \left| p(\theta_b)\exp\left(-\frac{z'_{nb}z_{nb}}{2}\right) - p(\theta^0)\exp\left(-\frac{z'_{nb}z_{nb}}{2}\right)\right| \mathrm{d}z_{nb} \xrightarrow{P_0} 0 \qquad (34)$$

令

$$C_{1n0} = p(\theta_b)\left[\frac{p(y\mid\theta_b)^b}{p(y\mid\hat{\theta})^b} - \exp\left(-\frac{z'_{nb}z_{nb}}{2}\right)\right],$$

$$C_{2n0} = \left[p(\theta_b) - p(\theta^0)\right]\exp\left(-\frac{z'_{nb}z_{nb}}{2}\right),$$

$$C_{1n} = \int_{A_{1n}}|C_{1n0}|\,\mathrm{d}z_{nb}, C_{2n} = \int_{A_{1n}}|C_{2n0}|\,\mathrm{d}z_{nb} \qquad (35)$$

因此我们需要证明

$$C_{1n} \xrightarrow{P_0} 0, C_{2n} \xrightarrow{P_0} 0 \qquad (36)$$

根据公式（9），当 z_{nb} 落在 A_{1n}，$|p(\theta_b)| \le (1+\eta)p(\theta^0)$。基于公式（12），我们有

$$C_{1n} = \int_{A_{1n}}\left| p(\theta_b)\left[\frac{p(y\mid\theta_b)^b}{p(y\mid\hat{\theta})^b} - \exp\left(-\frac{z'_{nb}z_{nb}}{2}\right)\right]\right| \mathrm{d}z_{nb} \le$$

$$(1+\eta)p(\theta^0)\int_{A_{1n}}\left| \exp\left[-\frac{z'_{nb}[I_q - R_n(\tilde{\theta}_b,y)]z_{nb}}{2}\right] - \exp\left(-\frac{z'_{nb}z_{nb}}{2}\right)\right| \mathrm{d}z_{nb}$$

$$(37)$$

根据不等式 $|\exp(c)-1| \le \exp(|c|)|c|$ 对任一常数 c 成立，对于 $z_{nb} \in A_{1n}$，依概率 1，我们有

$$\left| \exp\left[-\frac{1}{2}z'_{nb}[I_q - R_n(\tilde{\theta}_b,y)]z_{nb}\right] - \exp\left(-\frac{z'_{nb}z_{nb}}{2}\right)\right|$$

$$= \left| \exp\left[\frac{1}{2}z'_{nb}R_n(\tilde{\theta}_b,y)z_{nb}\right] - 1\right|\exp\left(-\frac{z'_{nb}z_{nb}}{2}\right)$$

$$\le \exp\left[\left|\frac{1}{2}z'_{nb}R_n(\tilde{\theta}_b,y)z_{nb}\right|\right]\left|\frac{1}{2}z'_{nb}R_n(\tilde{\theta}_b,y)z_{nb}\right|\exp\left(-\frac{z'_{nb}z_{nb}}{2}\right)$$

$$= \exp\left[\frac{1}{2}z'_{nb}z_{nb}\left|r'_0 R_n(\tilde{\theta}_b,y)r_0\right|\right]\left|\frac{1}{2}z'_{nb}z_{nb}\right|\left|r'_0 R_n(\tilde{\theta}_b,y)r_0\right|\exp\left(-\frac{z'_{nb}z_{nb}}{2}\right)$$

$$\leqslant \frac{\eta}{2}\exp\left[\frac{\eta}{2}z'_{nb}z_n\right]\mid z'_{nb}z_{nb}\mid \exp\left(-\frac{z'_{nb}z_{nb}}{2}\right)$$

$$= \frac{\eta}{2}\parallel z_{nb}\parallel^2\exp\left(-\frac{(1-\eta)\,z'_{nb}z_{nb}}{2}\right) \tag{38}$$

进一步，可推出

$$\int_{A_{1n}}\parallel z_{nb}\parallel^2\exp\left(-\frac{(1-\eta)\,z'_{nb}z_{nb}}{2}\right)\mathrm{d}z_{nb}$$

$$\leqslant \int_{\mathrm{R}^q}\parallel z_{nb}\parallel^2\exp\left(-\frac{1-\eta}{2}z'_{nb}z_{nb}\right)\mathrm{d}z_{nb} = \int_{\mathrm{R}^q}\left(\sum_{i=1}^q z_{nb,i}^2\right)\exp\left(-\frac{1-\eta}{2}z'_{nb}z_{nb}\right)\mathrm{d}z_{nb}$$

$$= \sum_{i=1}^q\int_{\mathrm{R}^q}z_{nb,i}^2\exp\left(-\frac{1-\eta}{2}z'_{nb}z_{nb}\right)\mathrm{d}z_{nb}$$

$$= \sum_{i=1}^q\int_{\mathrm{R}^{q-1}}\int_{\mathrm{R}}z_{nb,i}^2\exp\left(-\frac{1-\eta}{2}z_{nb,i}^2\right)\mathrm{d}z_{nb,i}\exp\left(-\frac{1-\eta}{2}z'_{nb,-i}z_{nb,-i}\right)\mathrm{d}z_{nb,-i}$$

$$= \sum_{i=1}^q\left[\sqrt{2\pi}\,(1-\eta)^{-1/2}\,(1-\eta)^{-1}\right]\left[\sqrt{2\pi}\,(1-\eta)^{-1/2}\right]^{q-1}$$

$$= q\,(2\pi)^{q/2}\,(1-\eta)^{-q/2-1} \tag{39}$$

其中：$z_{nb,i}$ 是 z_{nb} 的第 i 个元素，$z_{nb,-i}$ 是 z_{nb} 中除了第 i 个元素以外的其他元素组成的向量。因此，我们有

$$\lim_{n\to\infty}P_0\left(C_{1n}\leqslant \frac{1}{2}\eta(1+\eta)qp(\theta^0)\,(2\pi)^{q/2}\,(1-\eta)^{-q/2-1}\right)=1 \tag{40}$$

这意味着 $C_{1n}\overset{P_0}{\to}0$。

至于 C_{2n}，同理，根据公式（9），我们有

$$C_{2n} = \int_{A_{1n}}\mid p(\theta_b)-p(\theta^0)\mid \exp\left(-\frac{z'_{nb}z_{nb}}{2}\right)\mathrm{d}z_{nb}$$

$$\leqslant \eta p(\theta^0)\int_{A_{1n}}\exp\left(-\frac{z'_{nb}z_{nb}}{2}\right)\mathrm{d}z_{nb}$$

$$\leqslant \eta p(\theta^0)\int_{\mathrm{R}^q}\exp\left(-\frac{z'_{nb}z_{nb}}{2}\right)\mathrm{d}z_{nb}$$

$$= \eta p(\theta^0)\,(2\pi)^{q/2}\int_{\mathrm{R}^q}(2\pi)^{-q/2}\exp\left(-\frac{z'_{nb}z_{nb}}{2}\right)\mathrm{d}z_{nb}$$

$$= \eta p(\theta^0)(2\pi)^{q/2} \tag{41}$$

类似地，我们有

$$\lim_{n\to\infty} P_0\{C_{2n} \leqslant \eta p(\theta^0)(2\pi)^{q/2}\} = 1 \tag{42}$$

这意味着 $C_{2n} \xrightarrow{P_0} 0$。结合公式（40）和公式（42），$J_{1n} \xrightarrow{P_0} 0$。下面我们证明 $J_{2n} \xrightarrow{P_0} 0$。注意到

$$J_{2n} = \int_{A_{2n}} \left| p(\theta_b)\frac{p(y\mid\theta_b)^b}{p(y\mid\hat{\theta})^b} - p(\theta^0)\exp\left(-\frac{z'_{nb}z_{nb}}{2}\right) \right| \mathrm{d}z_{nb}$$

$$\leqslant \int_{A_{2n}} \left| p(\theta_b)\frac{p(y\mid\theta_b)^b}{p(y\mid\hat{\theta})^b} \right| \mathrm{d}z_{nb} + \int_{A_{2n}} \left| p(\theta^0)\exp\left(-\frac{z'_{nb}z_{nb}}{2}\right) \right| \mathrm{d}z_{nb}$$

$$= \int_{A_{2n}} p(\theta_b)\frac{p(y\mid\theta_b)^b}{p(y\mid\hat{\theta})^b}\mathrm{d}z_{nb} + \int_{A_{2n}} p(\theta^0)\exp\left(-\frac{z'_{nb}z_{nb}}{2}\right)\mathrm{d}z_{nb} \tag{43}$$

从公式（43）可以看出，我们需要证明

$$\int_{A_{2n}} p(\theta_b)\frac{p(y\mid\theta_b)^b}{p(y\mid\hat{\theta})^b}\mathrm{d}z_{nb} \xrightarrow{P_0} 0 \tag{44}$$

$$\int_{A_{2n}} p(\theta^0)\exp\left(-\frac{z'_{nb}z_{nb}}{2}\right)\mathrm{d}z_{nb} \xrightarrow{P_0} 0 \tag{45}$$

令

$$D_{1n0} = p(\theta_b)\frac{p(y\mid\theta_b)^b}{p(y\mid\hat{\theta})^b}, D_{2n0} = p(\theta^0)\exp\left(-\frac{z'_{nb}z_{nb}}{2}\right)$$

$$D_{1n} = \int_{A_{2n}} D_{1n0}\mathrm{d}z_{nb}, D_{2n} = \int_{A_{2n}} D_{2n0}\mathrm{d}z_{nb} \tag{46}$$

我们需要证明

$$D_{1n} \xrightarrow{P_0} 0, D_{2n} \xrightarrow{P_0} 0 \tag{47}$$

对于 D_{1n}，我们有

$$D_{1n} = \int_{A_{2n}} p(\theta_b)\exp[b(\ln p(y\mid\theta_b) - \ln p(y\mid\theta^0))]\mathrm{d}z_{nb}$$

$$\exp[b(\ln p(y\mid\theta^0) - \ln p(y\mid\hat{\theta}))] \tag{48}$$

当 $z_{nb} \in A_{2n}$，$\theta_b \in \Theta \setminus N_0(\delta)$，根据假设 A7，依概率 1，不等式 $\ln p(y\mid\theta_b) -$

$\ln p(y \mid \theta^0) < - \mid \Sigma_n \mid^{-\frac{1}{q}} K(\delta)$ 成立。进一步，注意到 $\exp[b(\ln p(y \mid \theta^0) - \ln p(y \mid \hat{\theta}))] \leqslant 1$，因此依概率 1，公式（48）右边的积分小于

$$\exp[-b \mid \Sigma_n \mid^{-\frac{1}{q}} K(\delta)] \int_{A_{2n}} p(\theta_b) \mathrm{d}z_{nb} \tag{49}$$

于是，我们可以推出

$$\exp[-b \mid \Sigma_n \mid^{-\frac{1}{q}} K(\delta)] \int_{A_{2n}} p(\theta_b) \mathrm{d}z_{nb}$$

$$= b^{q/2} \mid \Sigma_n \mid^{-1/2} \exp[-b \mid \Sigma_n \mid^{-\frac{1}{q}} K(\delta)] \int_{\Theta \backslash N_0(\delta)} p(\theta_b) \mathrm{d}\theta_b$$

$$\leqslant b^{q/2} \mid \Sigma_n \mid^{-1/2} \exp[-b \mid \Sigma_n \mid^{-\frac{1}{q}} K(\delta)] \tag{50}$$

注意到

$$b^{q/2} \mid \Sigma_n \mid^{-1/2} \exp[-b \mid \Sigma_n \mid^{-\frac{1}{q}} K(\delta)]$$

$$= b^{q/2} n^{\frac{q}{2}} \mid n\Sigma_n \mid^{-1/2} \exp[-nb \mid n\Sigma_n \mid^{-\frac{1}{q}} K(\delta)] \xrightarrow{P_0} 0 \tag{51}$$

因此

$$D_{1n} \xrightarrow{P_0} 0 \tag{52}$$

对于 D_{2n}，注意到当 $z_{nb} \in A_{2n}$，我们有

$$\parallel \theta_b - \theta^0 \parallel = \parallel b^{-1/2} \Sigma_n^{1/2} z_{nb} + \hat{\theta} - \theta^0 \parallel > \delta$$

$$\Rightarrow \parallel b^{-1/2} \Sigma_n^{1/2} z_{nb} \parallel + \parallel \hat{\theta} - \theta^0 \parallel > \delta$$

$$\Rightarrow \parallel b^{-1/2} \Sigma_n^{1/2} z_{nb} \parallel = \parallel (-b L_n^{(2)}(\hat{\theta}))^{-1/2} z_{nb} \parallel > \delta'$$

$$\Rightarrow \parallel (n \gamma_n)^{-1/2} z_{nb} \parallel > \delta' \tag{53}$$

其中：$\delta' = \delta - \parallel \hat{\theta} - \theta^0 \parallel \xrightarrow{P_0} \delta$，当 $n \to \infty$，γ_n 是 $-b \frac{1}{n} L_n^{(2)}(\hat{\theta})$ 最小的特征值。

于是我们可以得到

$$D_{2n} = \int_{A_{2n}} p(\theta^0) \exp\left(-\frac{z'_{nb} z_{nb}}{2}\right) \mathrm{d}z_{nb} = p(\theta^0) \int_{A_{2n}} \exp\left(-\frac{z'_{nb} z_{nb}}{2}\right) \mathrm{d}z_{nb}$$

$$\leqslant p(\theta^0) \int_{\parallel z_{nb} \parallel > \sqrt{n\gamma_n} \delta'} \exp\left(-\frac{z'_{nb} z_{nb}}{2}\right) \mathrm{d}z_{nb}$$

$$\leqslant (2\pi)^{q/2} p(\theta^0) \int_{\cup_{i=1}^{q}\left\{\,|z_{nb,i}|\,>\sqrt{\frac{n\gamma_n}{q}}\delta'\right\}} (2\pi)^{-q/2} \exp\left(-\frac{z_{nb}' z_{nb}}{2}\right) \mathrm{d}z_{nb} \quad (54)$$

进一步

$$\int_{\cup_{i=1}^{q}\left\{\,|z_{nb,i}|\,>\sqrt{\frac{n\gamma_n}{q}}\delta'\right\}} (2\pi)^{-q/2} \exp\left(-\frac{z_{nb}' z_{nb}}{2}\right) \mathrm{d}z_{nb}$$

$$= \int_{\mathrm{R}^q} \sum_{i=1}^{q} 1\left\{\,|z_{nb,i}|\,>\sqrt{\frac{n\gamma_n}{q}}\delta'\right\} (2\pi)^{-q/2} \exp\left(-\frac{z_{nb}' z_{nb}}{2}\right) \mathrm{d}z_{nb}$$

$$= \sum_{i=1}^{q} \int_{\mathrm{R}^q} 1\left\{\,|z_{nb,i}|\,>\sqrt{\frac{n\gamma_n}{q}}\delta'\right\} (2\pi)^{-q/2} \exp\left(-\frac{z_{nb}' z_{nb}}{2}\right) \mathrm{d}z_{nb}$$

$$= \sum_{i=1}^{q} \int_{|z_{nb,i}|>\sqrt{\frac{n\gamma_n}{q}}\delta'} \frac{1}{\sqrt{2\pi}} \exp\left(-\frac{z_{nb,i}^2}{2}\right) \mathrm{d}z_{nb,i} \int_{\mathrm{R}^{q-1}} (2\pi)^{-(q-1)/2} \exp\left(-\frac{z_{nb,-i}' z_{nb,-i}}{2}\right) \mathrm{d}z_{nb,-i}$$

$$= \sum_{i=1}^{q} \int_{|z_{nb,i}|>\sqrt{\frac{n\gamma_n}{q}}\delta'} \frac{1}{\sqrt{2\pi}} \exp\left(-\frac{z_{nb,i}^2}{2}\right) \mathrm{d}z_{nb,i} \leqslant \sum_{i=1}^{q} \frac{\exp\left(-\frac{1}{2}\frac{n\gamma_n}{q}\delta'^2\right)}{\sqrt{\frac{n\gamma_n}{q}}\delta' \sqrt{2\pi}} \xrightarrow{P_0} 0$$

$$(55)$$

其中最后一个不等式是因为

$$\int_x^{\infty} \frac{1}{\sqrt{2\pi}} \mathrm{e}^{-\frac{t^2}{2}} \mathrm{d}t \leqslant \int_x^{\infty} \frac{1}{\sqrt{2\pi}} \frac{t}{x} \mathrm{e}^{-\frac{t^2}{2}} \mathrm{d}t = \frac{\mathrm{e}^{-\frac{x^2}{2}}}{x\sqrt{2\pi}} \quad (56)$$

结合公式（54）和公式（55），我们有

$$D_{2n} \xrightarrow{P_0} 0 \quad (57)$$

结合公式（52）和公式（57），我们有

$$J_{2n} \xrightarrow{P_0} 0 \quad (58)$$

最后，$J_{1n} \xrightarrow{P_0} 0$ 和 $J_{2n} \xrightarrow{P_0} 0$ 证明了公式（7）。定理 2-1 证毕。

附录 2
定理 3-1 的证明

在证明定理 3-1 之前，我们先给出两个推论，该推论的证明见附录 4。

推论 1：在 C1~C8 下，当数据给定，样本量有限且固定，对于任意的 $b \in [0,1]$，$|u(b)| < +\infty$，$\int_{\Theta} [\ln p(y \mid \theta)]^4 p(\theta) \mathrm{d}\theta < +\infty$，$1 \leqslant \dfrac{p(y \mid \hat{\theta})^b}{m(y \mid b)} \leqslant$ $\exp[bu^*(0)] < +\infty$，其中 $u^*(b) = \ln p(y \mid \hat{\theta}) - u(b)$。

推论 2：在 C1~C8 下，当数据给定，样本量有限且固定，随着 $J \to +\infty$，对于任意的 $b \in [0,1]$，我们有 $\sup\limits_{b \in [0,1]} \mathrm{Var}_{\theta_b \mid y,b}[\hat{u}(b)] = O(J^{-1})$，其中 $\hat{u}(b)$ 是 TI 算法下对 $u(b)$ 的估计量。J 个随机抽样是独立同分布或平稳遍历的以 $p(\theta_b \mid y, b)$ 为平稳分布的序列。

下面，我们开始证明定理 3-1。在该定理的证明中，我们把在 o_p 或 O_p 中的 p 理解为针对于联合后验分布的概率测度。注意到

$$\sum_{s=0}^{S-1} (b_{s+1} - b_s) \frac{\hat{u}(b_{s+1}) + \hat{u}(b_s)}{2} - \ln m(y)$$

$$= \sum_{s=0}^{S-1} (b_{s+1} - b_s) \frac{\hat{u}(b_{s+1}) - u(b_{s+1}) + \hat{u}(b_s) - u(b_s)}{2} +$$

$$\sum_{s=0}^{S-1} (b_{s+1} - b_s) \frac{u(b_s) + u(b_{s+1})}{2} - \ln m(y) \tag{1}$$

因此，我们可以通过证明当 $J \to +\infty$ 时

$$\sum_{s=0}^{S-1} (b_{s+1} - b_s) \frac{\hat{u}(b_{s+1}) - u(b_{s+1}) + \hat{u}(b_s) - u(b_s)}{2} = o_p(1) \tag{2}$$

以及当 $S \to +\infty$ 时

$$\sum_{s=0}^{S-1} (b_{s+1} - b_s) \frac{u(b_s) + u(b_{s+1})}{2} - \ln m(y) = o(1) \tag{3}$$

来证明定理 3-1。

首先，为了证明公式（2），令 $\hat{M}_1 = \sum_{s=0}^{S-1} (b_{s+1} - b_s) \dfrac{\hat{u}(b_{s+1}) - u(b_{s+1})}{2}$，

$\hat{M}_2 = \sum_{s=0}^{S-1} (b_{s+1} - b_s) \dfrac{\hat{u}(b_s) - u(b_s)}{2}$，　以及　$\hat{M} = \sum_{s=0}^{S-1} (b_{s+1} - b_s)$

$\dfrac{\hat{u}(b_{s+1}) - u(b_{s+1}) + \hat{u}(b_s) - u(b_s)}{2} = \hat{M}_1 + \hat{M}_2$。注意到，由于 $\hat{u}(b)$ 是 $u(b)$

的无偏估计量，我们有 $E(\hat{M}) = 0$。于是

$$\text{Var}(\hat{M}) = E(\hat{M}_1 + \hat{M}_2)^2 \leqslant 2E(\hat{M}_1^2) + 2E(\hat{M}_2^2). \tag{4}$$

根据 Cauchy-Schwarz 不等式，我们有

$$\hat{M}_1^2 = \left[\sum_{s=0}^{S-1} (b_{s+1} - b_s) \frac{\hat{u}(b_{s+1}) - u(b_{s+1})}{2} \right]^2$$

$$= \left[\sum_{s=0}^{S-1} \left(\sqrt{b_{s+1} - b_s} \frac{\hat{u}(b_{s+1}) - u(b_{s+1})}{2} \right) \left(\sqrt{b_{s+1} - b_s} \right) \right]^2$$

$$\leqslant \left[\sum_{s=0}^{S-1} \left(\sqrt{b_{s+1} - b_s} \frac{\hat{u}(b_{s+1}) - u(b_{s+1})}{2} \right)^2 \right] \sum_{s=0}^{S-1} (b_{s+1} - b_s)$$

$$= \sum_{s=0}^{S-1} (b_{s+1} - b_s) \left(\frac{\hat{u}(b_{s+1}) - u(b_{s+1})}{2} \right)^2 \tag{5}$$

于是

$$E(\hat{M}_1^2) \leqslant E\left[\sum_{s=0}^{S-1} (b_{s+1} - b_s) \left(\frac{\hat{u}(b_{s+1}) - u(b_{s+1})}{2} \right)^2 \right]$$

$$= \sum_{s=0}^{S-1} (b_{s+1} - b_s) E\left(\frac{\hat{u}(b_{s+1}) - u(b_{s+1})}{2} \right)^2$$

$$\leqslant \sup_{b_{s+1} \in [0,1]} E\left(\frac{\hat{u}(b_{s+1}) - u(b_{s+1})}{2} \right)^2 \sum_{s=0}^{S-1} (b_{s+1} - b_s)$$

$$= \sup_{b_{s+1} \in [0,1]} E\left(\frac{\hat{u}(b_{s+1}) - u(b_{s+1})}{2} \right)^2 = O(J^{-1}) \tag{6}$$

其中：最后一个等式基于推论 2 得出。类似地，我们有 $E(\hat{M}_2^2) = O(J^{-1})$。

将它们结合起来，我们有 $\mathrm{Var}(\hat{M}) = \mathrm{E}(\hat{M}^2) = O(J^{-1})$。由于 $\mathrm{E}(\hat{M}) = 0$，我们有随着 $J \to +\infty$，$\hat{M} \xrightarrow{L^2} 0$，这意味着 $\hat{M} = o_p(1)$，公式（2）得证。

其次，为了证明公式（3），对 $u(b)$ 在区间 $[b_s, b_{s+1}]$ 上的积分使用梯形法则，我们有

$$\int_{b_s}^{b_{s+1}} u(b)\,\mathrm{d}b \approx \frac{b_{s+1} - b_s}{2}[u(b_s) + u(b_{s+1})] \tag{7}$$

基于分部积分法则，该局部近似误差为

$$\frac{b_{s+1} - b_s}{2}[u(b_s) + u(b_{s+1})] - \int_{b_s}^{b_{s+1}} u(b)\,\mathrm{d}b$$

$$= \int_{b_s}^{b_{s+1}} \left(b - \frac{b_{s+1} + b_s}{2}\right) u'(b)\,\mathrm{d}b \tag{8}$$

因此，全局近似误差为

$$\left| \sum_{s=0}^{S-1} \int_{b_s}^{b_{s+1}} \left(b - \frac{b_{s+1} + b_s}{2}\right) u'(b)\,\mathrm{d}b \right|$$

$$\leqslant \sum_{s=0}^{S-1} \int_{b_s}^{b_{s+1}} \left| \left(b - \frac{b_{s+1} + b_s}{2}\right) u'(b) \right| \mathrm{d}b$$

$$\leqslant \sum_{s=0}^{S-1} \int_{b_s}^{b_{s+1}} \frac{b_{s+1} - b_s}{2} u'(b)\,\mathrm{d}b$$

$$= \sum_{s=0}^{S-1} \frac{(b_{s+1} - b_s)}{2}[u(b_{s+1}) - u(b_s)]$$

$$\leqslant \frac{\max_s\{b_{s+1} - b_s\}}{2} \sum_{s=0}^{S-1} [u(b_{s+1}) - u(b_s)]$$

$$= O(S^{-1})[u(1) - u(0)] = O(S^{-1}) \to 0, \text{as } S \to +\infty \tag{9}$$

其中：倒数第二步是由于 $\max_s\{b_{s+1} - b_s\} = O(S^{-1})$ 以及 $u(1) - u(0)$ 有界（根据推论 1）。因此，公式（3）也成立。

基于公式（2）和公式（3），定理 3-1 得证。

附录 3
定理 3-2 的证明

在证明定理 3-2 之前,我们也给出两个推论。以下两个推论的证明见附录 4。

推论 3: 在 C1～C9 下,对于任意的 $b \in \left(\dfrac{1}{n}, 1 \right]$,存在一个正整数 n^*,使得当 $n \geq n^*$,$\displaystyle\int_{\Theta} \left[\dfrac{p(\theta_b \mid y, \ b)}{p_A(\theta_b \mid y, \ b)} \right]^2 p_A(\theta_b \mid y, \ b) \mathrm{d}\theta_b < +\infty$,$\displaystyle\int_{\Theta} \left[\dfrac{p(\theta_b \mid y, \ b)}{p_A(\theta_b \mid y, \ b)} \right]^3 p_A(\theta_b \mid y, \ b) \mathrm{d}\theta_b < +\infty$,其中 $p(\theta_b \mid y, b)$、$p_A(\theta_b \mid y, b)$ 分别是幂后验概率密度函数和近似幂后验概率密度函数。

推论 4: 假设数据给定,样本量固定且有限,当 C1～C9 满足时,使用正文统一的符号,随着 $J_0 \rightarrow +\infty$,对于任意的 $b \in [0, 1/n]$,我们有 $\displaystyle\sup_{b \in [0, \frac{1}{n}]} \mathrm{Var}_0[\hat{u}_w(b)] = O(J_0^{-1})$。随着 $J \rightarrow +\infty$,对于任意的 $b \in (1/n, 1]$,我们有 $\displaystyle\sup_{b \in (\frac{1}{n}, 1]} \mathrm{Var}_A[\hat{u}_w(b)] = O(J^{-1})$。

下面,我们开始证明定理 3-2。在该定理的证明中,我们把在 o_p 或 O_p 中的 p 理解为针对于先验分布的概率测度(当 $b \in [0, 1/n]$)或后验分布的概率测度(当 $b \in (1/n, 1]$)。注意到

$$\sum_{s=0}^{S-1} (b_{s+1} - b_s) \frac{\hat{u}_{\mathrm{LWY}}(b_{s+1}) + \hat{u}_{\mathrm{LWY}}(b_s)}{2} - \ln m(y)$$

$$= \sum_{s=0}^{S-1} (b_{s+1} - b_s) \frac{\hat{u}_{\mathrm{LWY}}(b_{s+1}) - u(b_{s+1}) + \hat{u}_{\mathrm{LWY}}(b_s) - u(b_s)}{2} +$$

$$\sum_{s=0}^{S-1} (b_{s+1} - b_s) \frac{u(b_s) + u(b_{s+1})}{2} - \ln m(y) \tag{1}$$

为了证明定理 3-2,我们只需要证明随着 J,$J_0 \rightarrow +\infty$,

$$\sum_{s=0}^{S-1} (b_{s+1} - b_s) \frac{\hat{u}_{\text{LWY}}(b_{s+1}) - u(b_{s+1}) + \hat{u}_{\text{LWY}}(b_s) - u(b_s)}{2} = o_p(1) \quad (2)$$

以及随着 $S \rightarrow +\infty$,

$$\sum_{s=0}^{S-1} (b_{s+1} - b_s) \frac{u(b_s) + u(b_{s+1})}{2} - \ln m(y) = o(1) \quad\quad (3)$$

公式（3）在定理 3-1 的证明过程中已经得证，因此我们只需证明公式（2）即可。

为了证明公式（2），注意到对于 $b \in (0,1]$ ，虽然 $\hat{u}_w(b)$ 是 $u(b)$ 的无偏估计量，$\hat{u}_{\text{LWY}}(b)$ 是有偏的，但是不难发现

$$\sum_{s=0}^{S-1} (b_{s+1} - b_s) \frac{\hat{u}_{\text{LWY}}(b_{s+1}) - u(b_{s+1}) + \hat{u}_{\text{LWY}}(b_s) - u(b_s)}{2}$$

$$= \sum_{s=0}^{S-1} (b_{s+1} - b_s) \frac{\hat{u}_{\text{LWY}}(b_{s+1}) - \hat{u}_w(b_{s+1}) + \hat{u}_w(b_{s+1}) - u(b_{s+1})}{2} +$$

$$\sum_{s=0}^{S-1} (b_{s+1} - b_s) \frac{\hat{u}_{\text{LWY}}(b_s) - \hat{u}_w(b_s) + \hat{u}_w(b_s) - u(b_s)}{2}$$

$$= \sum_{s=0}^{S-1} (b_{s+1} - b_s) \frac{\hat{u}_{\text{LWY}}(b_{s+1}) - \hat{u}_w(b_{s+1}) + \hat{u}_{\text{LWY}}(b_s) - \hat{u}_w(b_s)}{2} +$$

$$\sum_{s=0}^{S-1} (b_{s+1} - b_s) \frac{\hat{u}_w(b_{s+1}) - u(b_{s+1}) + \hat{u}_w(b_s) - u(b_s)}{2} \quad\quad (4)$$

所以为了证明公式（2），我们只需证明

$$\sum_{s=0}^{S-1} (b_{s+1} - b_s) \frac{\hat{u}_{\text{LWY}}(b_{s+1}) - \hat{u}_w(b_{s+1}) + \hat{u}_{\text{LWY}}(b_s) - \hat{u}_w(b_s)}{2} = o_p(1) \quad (5)$$

以及

$$\sum_{s=0}^{S-1} (b_{s+1} - b_s) \frac{\hat{u}_w(b_{s+1}) - u(b_{s+1}) + \hat{u}_w(b_s) - u(b_s)}{2} = o_p(1) \quad\quad (6)$$

容易看出

$$\sum_{s=0}^{S-1} (b_{s+1} - b_s) \frac{\hat{u}_{\text{LWY}}(b_{s+1}) - \hat{u}_w(b_{s+1}) + \hat{u}_{\text{LWY}}(b_s) - \hat{u}_w(b_s)}{2}$$

$$= \sum_{s=0}^{S-1} (b_{s+1} - b_s) \frac{\hat{u}_{\text{LWY}}(b_s) - \hat{u}_w(b_s)}{2} +$$

$$\sum_{s=0}^{S-1} (b_{s+1} - b_s) \frac{\hat{u}_{\mathrm{LWY}}(b_{s+1}) - \hat{u}_w(b_{s+1})}{2} \tag{7}$$

因此我们只需证明

$$\sum_{s=0}^{S-1} (b_{s+1} - b_s) \frac{\hat{u}_{\mathrm{LWY}}(b_s) - \hat{u}_w(b_s)}{2} = o_p(1),$$

$$\sum_{s=0}^{S-1} (b_{s+1} - b_s) \frac{\hat{u}_{\mathrm{LWY}}(b_{s+1}) - \hat{u}_w(b_{s+1})}{2} = o_p(1) \tag{8}$$

令 $\overline{w}_{b_s} = \dfrac{1}{J} \sum_{j=1}^{J} w_{b_s}(\theta_{b_s,(j)}^{tr})$，当 $b_s \in (1/n, 1]$；或者 $\overline{w}_{b_s} = \dfrac{1}{J_0} \sum_{j=1}^{J} w_{0b_s}(\theta_{0,(j)})$，当 $b_s \in [0, 1/n]$。注意到 $\hat{u}_{\mathrm{LWY}}(b_{s+1}) = \dfrac{1}{\overline{w}_{b_{s+1}}} \hat{u}_w(b_{s+1})$ 且 $\mathrm{E}[\overline{w}_{b_s}] = 1$，因此我们可以得到

$$\left| \sum_{s=0}^{S-1} (b_{s+1} - b_s) \frac{\hat{u}_{\mathrm{LWY}}(b_{s+1}) - \hat{u}_w(b_{s+1})}{2} \right|^2$$

$$= \left| \sum_{s=0}^{S-1} (b_{s+1} - b_s) \frac{\dfrac{1}{\overline{w}_{b_s}} \hat{u}_w(b_{s+1}) - \hat{u}_w(b_{s+1})}{2} \right|^2$$

$$= \left| \sum_{s=0}^{S-1} (b_{s+1} - b_s) \frac{\left(\dfrac{1}{\overline{w}_{b_s}} - 1\right) \hat{u}_w(b_{s+1})}{2} \right|^2$$

$$= \left| \sum_{s=0}^{S-1} \frac{\sqrt{b_{s+1} - b_s} \left(\dfrac{1}{\overline{w}_{b_s}} - 1\right) \sqrt{b_{s+1} - b_s} \, \hat{u}_w(b_{s+1})}{2} \right|^2$$

$$\leqslant \left[\sum_{s=0}^{S-1} (b_{s+1} - b_s) \left(\frac{1}{\overline{w}_{b_s}} - 1\right)^2 \right] \left[\sum_{s=0}^{S-1} (b_{s+1} - b_s) \left(\frac{\hat{u}_w(b_{s+1})}{2}\right)^2 \right] \tag{9}$$

由于 $b_s = (s/S)^c$，$c \geqslant 1$，我们有 $b_{s+1} - b_s = \left(\dfrac{s+1}{S}\right)^c - \left(\dfrac{s}{S}\right)^c$，其中 $\min\limits_{s} \{b_{s+1} - b_s\} = b_1 - b_0 = S^{-c}$，$\max\limits_{s} \{b_{s+1} - b_s\} = O(S^{-1})$，$s = 1, 2, \cdots, S$。进一步，根据大数定律，$\overline{w}_{b_s} = 1 + o_p(1)$，$\hat{u}_w(b_{s+1}) = u(b_{s+1}) + o_p(1) = O_p(1)$。我们有

$$\sum_{s=0}^{S-1} (b_{s+1} - b_s) \left(\frac{1}{\overline{w}_{b_s}} - 1\right)^2 \leqslant \max\limits_{s} \{b_{s+1} - b_s\} \sum_{s=0}^{S-1} \left(\frac{1}{\overline{w}_{b_s}} - 1\right)^2$$

$$= O(S^{-1}) S o_p(1) = o_p(1),$$

$$\sum_{s=0}^{S-1} (b_{s+1} - b_s) \left(\frac{\hat{u}_w(b_{s+1})}{2} \right)^2 \leq \max_s \{ b_{s+1} - b_s \} \sum_{s=0}^{S-1} O_p(1)$$

$$= O(S^{-1}) S O_p(1) = O_p(1) \tag{10}$$

根据公式（9），我们有

$$\sum_{s=0}^{S-1} (b_{s+1} - b_s) \frac{\hat{u}_{\text{LWY}}(b_{s+1}) - \hat{u}_w(b_{s+1})}{2} = o_p(1) \tag{11}$$

类似地

$$\sum_{s=0}^{S-1} (b_{s+1} - b_s) \frac{\hat{u}_{\text{LWY}}(b_s) - \hat{u}_w(b_s)}{2} = o_p(1) \tag{12}$$

公式（5）得证。

下面我们证明公式（6）。类似于定理 3-1 的证明，对于任意的 $b_s \in [0,1]$，令

$$\hat{M}_{w1} = \sum_{s=0}^{S-1} (b_{s+1} - b_s) \frac{\hat{u}_w(b_{s+1}) - u(b_{s+1})}{2},$$

$$\hat{M}_{w2} = \sum_{s=0}^{S-1} (b_{s+1} - b_s) \frac{\hat{u}_w(b_s) - u(b_s)}{2},$$

$$\hat{M}_w = \sum_{s=0}^{S-1} (b_{s+1} - b_s) \frac{\hat{u}_w(b_{s+1}) - u(b_{s+1}) + \hat{u}(b_s) - u(b_s)}{2}$$

$$= \hat{M}_{w1} + \hat{M}_{w2} \tag{13}$$

注意到 $\mathrm{E}(\hat{M}_w) = 0$，因此我们有

$$\mathrm{Var}(\hat{M}_w) = \mathrm{E}(\hat{M}_{w1} + \hat{M}_{w2})^2 \leq 2\mathrm{E}(\hat{M}_{w1}^2) + 2\mathrm{E}(\hat{M}_{w2}^2) \tag{14}$$

根据 Cauchy-Schwarz 不等式，我们有

$$\hat{M}_{w1}^2 = \left[\sum_{s=0}^{S-1} (b_{s+1} - b_s) \frac{\hat{u}_w(b_{s+1}) - u(b_{s+1})}{2} \right]^2$$

$$= \left[\sum_{s=0}^{S-1} \left(\sqrt{b_{s+1} - b_s} \frac{\hat{u}_w(b_{s+1}) - u(b_{s+1})}{2} \right) (\sqrt{b_{s+1} - b_s}) \right]^2$$

$$\leq \left[\sum_{s=0}^{S-1} \left(\sqrt{(b_{s+1} - b_s)} \frac{\hat{u}(b_{s+1}) - u(b_{s+1})}{2} \right)^2 \right] \sum_{s=0}^{S-1} (b_{s+1} - b_s)$$

$$= \sum_{s=0}^{S-1} (b_{s+1} - b_s) \left(\frac{\hat{u}_w(b_{s+1}) - u(b_{s+1})}{2} \right)^2 \qquad (15)$$

因此我们得到

$$E(\hat{M}_{w1}^2) \leqslant E\left[\sum_{s=0}^{S-1} (b_{s+1} - b_s) \left(\frac{\hat{u}_w(b_{s+1}) - u(b_{s+1})}{2} \right)^2 \right]$$

$$= \sum_{s=0}^{S_0} (b_{s+1} - b_s) E\left(\frac{\hat{u}_w(b_{s+1}) - u(b_{s+1})}{2} \right)^2 +$$

$$\sum_{s=S_0+1}^{S-1} (b_{s+1} - b_s) E\left(\frac{\hat{u}_w(b_{s+1}) - u(b_{s+1})}{2} \right)^2$$

$$\leqslant \sup_{b_{s+1} \in [0, \frac{1}{n}]} E\left(\frac{\hat{u}_w(b_{s+1}) - u(b_{s+1})}{2} \right)^2 \sum_{s=0}^{S_0} (b_{s+1} - b_s) +$$

$$\sup_{b_{s+1} \in (\frac{1}{n}, 1]} E\left(\frac{\hat{u}_w(b_{s+1}) - u(b_{s+1})}{2} \right)^2 \sum_{s=S_0+1}^{S-1} (b_{s+1} - b_s)$$

$$= O(J_0^{-1}) + O(J^{-1}) \qquad (16)$$

类似地，我们可以证明 $E(\hat{M}_{w2}^2) = O(J_0^{-1}) + O(J^{-1})$。根据公式（14），我们有 $\mathrm{Var}(\hat{M}_w) = E(\hat{M}_w^2) = O(J_0^{-1}) + O(J^{-1}) = o(1)$。由于 $E(\hat{M}_w) = 0$，因此随着 $J_0, J \to \infty$，$\hat{M}_w \overset{L^2}{\to} 0$，意味着 $\hat{M}_w = o_p(1)$。因此公式（6）得证，定理 3-2 证毕。

附录4
第三章四个推论的证明

一、推论1的证明

为了证明 $u(b)$ 有界，我们可以证明 $u^*(b) = \ln p(y \mid \hat{\theta}) - u(b)$ 有界，其中在给定数据和有限的样本量的情况下，$\ln p(y \mid \hat{\theta})$ 总是有界的。为了证明 $u^*(b)$ 有界，我们可以证明 $u^*(b)$ 是关于 $b \in [0,1]$ 的递减函数，以及 $u^*(0)$ 具有上确界、$u^*(1)$ 具有下确界。

首先，我们展示为何 $u^*(b)$ 是关于 b 的递减函数。回顾 $u(b) = \mathrm{E}_{\theta_b \mid y, b}$ $\ln p(y \mid \theta_b)$，对 $u(b)$ 求一阶导，我们有

$$u'(b) = \frac{\mathrm{d}}{\mathrm{d}b} \mathrm{E}_{\theta_b \mid y, b} \ln p(y \mid \theta_b) = \int_{\Theta} \ln p(y \mid \theta_b) \frac{\mathrm{d}}{\mathrm{d}b} p(\theta_b \mid y, b) \mathrm{d}\theta_b$$

$$= \int_{\Theta} \ln p(y \mid \theta_b) \left[\frac{\mathrm{d}}{\mathrm{d}b} \ln p(\theta_b \mid y, b) \right] p(\theta_b \mid y, b) \mathrm{d}\theta_b$$

$$= \int_{\Theta} \ln p(y \mid \theta_b) \left[\ln p(y \mid \theta_b) - \frac{\mathrm{d}}{\mathrm{d}b} \ln m(y \mid b) \right] p(\theta_b \mid y, b) \mathrm{d}\theta_b$$

$$= \int_{\Theta} \left[\ln p(y \mid \theta_b) \right]^2 p(\theta_b \mid y, b) \mathrm{d}\theta_b - \left[\int_{\Theta} \ln p(y \mid \theta_b) p(\theta_b \mid y, b) \mathrm{d}\theta_b \right]^2$$

$$= \mathrm{E}_{\theta_b \mid y, b} \left[\ln p(y \mid \theta_b) \right]^2 - \left[\mathrm{E}_{\theta_b \mid y, b} \ln p(y \mid \theta_b) \right]^2$$

$$= \mathrm{Var}_{\theta_b \mid y, b} \left[\ln p(y \mid \theta_b) \right] \geqslant 0 \tag{1}$$

因此 $u(b)$ 是关于 b 的递增函数，而 $u^*(b)$ 是关于 b 的递减函数。

为了证明 $u^*(0)$ 有上确界，对 $\ln p(y \mid \theta)$ 在 $\hat{\theta}$ 处进行泰勒二阶展开，我们有

$$\ln p(y \mid \theta) = \ln p(y \mid \hat{\theta}) + \frac{1}{2} (\theta - \hat{\theta})' L_n^{(2)}(\theta_a)(\theta - \hat{\theta}) \tag{2}$$

其中：$\theta_a = a\theta + (1 - a)\hat{\theta}$，$a \in (0,1)$。于是

$$u(0) = \int_{\Theta} \ln p(y \mid \theta)p(\theta)\mathrm{d}\theta = \int_{\Theta}[\ln p(y \mid \theta) - \ln p(y \mid \hat{\theta})]p(\theta)\mathrm{d}\theta + \ln p(y \mid \hat{\theta})$$

$$= \frac{1}{2}\int_{\Theta} d(\theta)p(\theta)\mathrm{d}\theta + \ln p(y \mid \hat{\theta}), \tag{3}$$

其中 $d(\theta) = \sum_{i=1}^{q}\sum_{j=1}^{q} L_{n,ij}^{(2)}(\theta_a)\theta_i^c\theta_j^c$，$\theta_i^c = \theta_i - \hat{\theta}_i$ 是 $\theta - \hat{\theta}$ 的第 i 个元素，$L_{n,ij}^{(2)}(\theta)$ 是对数似然函数对 θ 第 i 行第 j 列个元素的二阶导。注意到

$$0 \leqslant u^*(0) = -\frac{1}{2}\int_{\Theta} d(\theta)p(\theta)\mathrm{d}\theta \tag{4}$$

为了证明 $\int_{\Theta} - d(\theta)p(\theta)\mathrm{d}\theta$ 有界，根据 Hölder 不等式，我们有

$$\int_{\Theta} - d(\theta)p(\theta)\mathrm{d}\theta \leqslant \int_{\Theta} \mid d(\theta) \mid p(\theta)\mathrm{d}\theta \leqslant q^2\max_{ij}\left\{\int_{\Theta} \mid \theta_i^c\theta_j^c L_{n,ij}^{(2)}(\theta_a) \mid p(\theta)\mathrm{d}\theta\right\}$$

$$\leqslant q^2\max_{ij}\left\{\left[\int_{\Theta}[L_{n,ij}^{(2)}(\theta_a)]^2 p(\theta)\mathrm{d}\theta\right]^{\frac{1}{2}}\left[\int_{\Theta}[\theta_i^c\theta_j^c]^2 p(\theta)\mathrm{d}\theta\right]^{\frac{1}{2}}\right\} \tag{5}$$

根据 C8，先验分布 $p(\theta)$ 的 16 阶矩有界，因此它的前 15 阶矩都有界。因此，对于任意的 $i,j = 1,2,\cdots,q$

$$\left[\int_{\Theta}(\theta_i^c\theta_j^c)^2 p(\theta)\mathrm{d}\theta\right] \leqslant \frac{1}{2}\left[\int_{\Theta}(\theta_i^c)^4 p(\theta)\mathrm{d}\theta + \int_{\Theta}(\theta_j^c)^4 p(\theta)\mathrm{d}\theta\right]$$

$$= \frac{1}{2}\sum_{d=0}^{4}\left[C_4^d(-\hat{\theta}_i)^{4-d}\int_{\Theta}\theta_i^d p(\theta)\mathrm{d}\theta + C_4^d(-\hat{\theta}_j)^{4-d}\int_{\Theta}\theta_j^d p(\theta)\mathrm{d}\theta\right] < +\infty \tag{6}$$

再根据 C8，$\int_{\Theta}\left[\frac{1}{n}L_{n,ij}^{(2)}(\theta_a)\right]^8 p(\theta)\mathrm{d}\theta < +\infty$，我们有 $\int_{\Theta}\left[\frac{1}{n}L_{n,ij}^{(2)}(\theta_a)\right]^2$ $p(\theta)\mathrm{d}\theta < +\infty$。因此

$$0 \leqslant u^*(0) = -\frac{1}{2}\int_{\Theta} d(\theta)p(\theta)\mathrm{d}\theta < +\infty \tag{7}$$

即 $u^*(0)$ 有上确界。另外，显然 $u^*(1)$ 有下确界，因为

$$u^*(1) = \ln p(y \mid \hat{\theta}) - u(1) = \ln p(y \mid \hat{\theta}) -$$

$$\int_{\Theta} \ln p(y \mid \theta)p(\theta \mid y)\mathrm{d}\theta \geqslant 0 \tag{8}$$

所以对于任意的 $b \in [0,1]$，$u^*(b)$ 有界且 $|u(b)|$ 也有界，$|u(b)| \leqslant |u^*(b)| + |\ln p(y|\hat{\theta})|$。推论 1 的第一部分得证。

下面我们进行推论 1 的第二部分的证明。根据公式（2），我们有

$$\mathrm{E}_0\left[\ln p(y|\theta) - \ln p(y|\hat{\theta})\right]^4 = \mathrm{E}_0\left[\frac{1}{2}\mathrm{d}(\theta)\right]^4 \tag{9}$$

因此，可以得到

$$\mathrm{E}_0\left[\mathrm{d}(\theta)\right]^4 = \mathrm{E}_0\left[\sum_{i=1}^{q}\sum_{j=1}^{q}\theta_i^c\theta_j^c\left[L_{n,ij}^{(2)}(\theta_a)\right]\right]^4$$

$$= \mathrm{E}_0\left[\left(\sum_{i_1=1}^{q}\sum_{j_1=1}^{q}\theta_{i_1}^c\theta_{j_1}^c\left[L_{n,i_1j_1}^{(2)}(\theta_a)\right]\right)\left(\sum_{i_2=1}^{q}\sum_{j_2=1}^{q}\theta_{i_2}^c\theta_{j_2}^c\left[L_{n,i_2j_2}^{(2)}(\theta_a)\right]\right)\right.$$

$$\left.\left(\sum_{i_3=1}^{q}\sum_{j_3=1}^{q}\theta_{i_3}^c\theta_{j_3}^c\left[L_{n,i_3j_3}^{(2)}(\theta_a)\right]\right)\left(\sum_{i_4=1}^{q}\sum_{j_4=1}^{q}\theta_{i_4}^c\theta_{j_4}^c\left[L_{n,i_4j_4}^{(2)}(\theta_a)\right]\right)\right]$$

$$= \mathrm{E}_0\left[\left(\sum_{i_1=1}^{q}\sum_{j_1=1}^{q}\sum_{i_2=1}^{q}\sum_{j_2=1}^{q}\sum_{i_3=1}^{q}\sum_{j_3=1}^{q}\sum_{i_4=1}^{q}\sum_{j_4=1}^{q}\theta_{i_1}^c\theta_{j_1}^c\left[L_{n,i_1j_1}^{(2)}(\theta_a)\right]\theta_{i_2}^c\theta_{j_2}^c\left[L_{n,i_2j_2}^{(2)}(\theta_a)\right]\right.\right.$$

$$\left.\left.\theta_{i_3}^c\theta_{j_3}^c\left[L_{n,i_3j_3}^{(2)}(\theta_a)\right]\theta_{i_4}^c\theta_{j_4}^c\left[L_{n,i_4j_4}^{(2)}(\theta_a)\right]\right)\right] \tag{10}$$

对于实数 a_1, a_2, a_3, a_4，我们有 $|a_1a_2a_3a_4| \leqslant \dfrac{a_1^4+a_2^4+a_3^4+a_4^4}{4}$。因此，对于任意的 $i_1, j_1, i_2, j_2, i_3, j_3, i_4, j_4 \in \{1,\cdots,q\}$，我们有

$$\int_{\Theta}\left[L_{n,i_1j_1}^{(2)}(\theta_a)\theta_{i_1}^c\theta_{j_1}^c\right]\left[L_{n,i_2j_2}^{(2)}(\theta_a)\theta_{i_2}^c\theta_{j_2}^c\right]\left[L_{n,i_3j_3}^{(2)}(\theta_a)\theta_{i_3}^c\theta_{j_3}^c\right]\left[L_{n,i_4j_4}^{(2)}(\theta_a)\theta_{i_4}^c\theta_{j_4}^c\right]p(\theta)\mathrm{d}\theta$$

$$\leqslant \frac{1}{4}\left[\int_{\Theta}\left[\theta_{i_1}^c\theta_{j_1}^c L_{n,i_1j_1}^{(2)}(\theta_a)\right]^4 p(\theta)\mathrm{d}\theta\right] + \frac{1}{4}\left[\int_{\Theta}\left[\theta_{i_2}^c\theta_{j_2}^c L_{n,i_2j_2}^{(2)}(\theta_a)\right]^4 p(\theta)\mathrm{d}\theta\right]$$

$$+ \frac{1}{4}\left[\int_{\Theta}\left(\theta_{i_3}^c\theta_{j_3}^c L_{n,i_3j_3}^{(2)}(\theta_a)\right)^4 p(\theta)\mathrm{d}\theta\right] + \frac{1}{4}\left[\int_{\Theta}\left(\theta_{i_4}^c\theta_{j_4}^c L_{n,i_4j_4}^{(2)}(\theta_a)\right)^4 p(\theta)\mathrm{d}\theta\right] \tag{11}$$

从公式（11），进一步根据 Hölder 不等式，我们有

$$\int_{\Theta}\left[\theta_{i_1}^c\theta_{j_1}^c L_{n,i_1j_1}^{(2)}(\theta_a)\right]^4 p(\theta)\mathrm{d}\theta$$

$$\leqslant \left[\int_{\Theta}\left[L_{n,i_1j_1}^{(2)}(\theta_a)\right]^8 p(\theta)\mathrm{d}\theta\right]^{\frac{1}{2}}\left[\int_{\Theta}\left(\theta_{i_1}^c\theta_{j_1}^c\right)^8 p(\theta)\mathrm{d}\theta\right]^{\frac{1}{2}} \tag{12}$$

由 C8，我们有

$$\int_{\Theta}(\theta_{i_1}^c\theta_{j_1}^c)^8 p(\theta)\mathrm{d}\theta \leq \frac{1}{2}\left[\int_{\Theta}(\theta_{i_1}^c)^{16}p(\theta)\mathrm{d}\theta\right]+\frac{1}{2}\left[\int_{\Theta}(\theta_{j_1}^c)^{16}p(\theta)\mathrm{d}\theta\right]$$

$$=\frac{1}{2}\sum_{d=0}^{16}\mathrm{C}_{16}^d(-\hat{\theta}_{i1})^{16-d}\int_{\Theta}\theta_{i_1}^d p(\theta)\mathrm{d}\theta+\frac{1}{2}\sum_{d=0}^{16}\mathrm{C}_{16}^d(-\hat{\theta}_{j1})^{16-d}\int_{\Theta}\theta_{j_1}^d p(\theta)\mathrm{d}\theta<+\infty$$

$$(13)$$

以及

$$\int_{\Theta}\left[L_{n,i_1 j_1}^{(2)}(\theta_a)\right]^8 p(\theta)\mathrm{d}\theta<+\infty \tag{14}$$

根据公式（10）~ 公式（14），$\mathrm{E}_0[d(\theta)]^4$ 有界，从而 $\int_{\Theta}[\ln p(y\mid\hat{\theta})-\ln p(y\mid\theta)]^4 p(\theta)\mathrm{d}\theta$ 有界。

对于任意的随机变量 X，如果 $\mathrm{E}(|X|^q)$ 有界，那么 $\mathrm{E}(|X|^r)$ 也有界，其中 $r<q$。因此，当 $\int_{\Theta}[\ln p(y\mid\hat{\theta})-\ln p(y\mid\theta)]^4 p(\theta)\mathrm{d}\theta<+\infty$，

$$\int_{\Theta}[\ln p(y\mid\hat{\theta})-\ln p(y\mid\theta)]^r p(\theta)\mathrm{d}\theta<+\infty,r=1,2,3 \tag{15}$$

对于 $r=2$

$$\mathrm{E}_0[\ln p(y\mid\theta)-\ln p(y\mid\hat{\theta})]^2=\int_{\Theta}[\ln p(y\mid\theta)-\ln p(y\mid\hat{\theta})]^2 p(\theta)\mathrm{d}\theta$$

$$=\int_{\Theta}[\ln p(y\mid\theta)]^2 p(\theta)\mathrm{d}\theta+[\ln p(y\mid\hat{\theta})]^2-2\ln p(y\mid\hat{\theta})u(0) \tag{16}$$

因此

$$\int_{\Theta}[\ln p(y\mid\theta)]^2 p(\theta)\mathrm{d}\theta=\mathrm{E}_\theta[\ln p(y\mid\theta)-\ln p(y\mid\hat{\theta})]^2-[\ln p(y\mid\hat{\theta})]^2+$$

$$2\ln p(y\mid\hat{\theta})u(0)$$

$$\leq\mathrm{E}_\theta[\ln p(y\mid\theta)-\ln p(y\mid\hat{\theta})]^2+[\ln p(y\mid\hat{\theta})]^2+2|\ln p(y\mid\hat{\theta})u(0)|<+\infty$$

$$(17)$$

对于 $r=3$

$$\int_{\Theta}[\ln p(y\mid\hat{\theta})-\ln p(y\mid\theta)]^3 p(\theta)\mathrm{d}\theta$$

$$=\int_{\Theta}[\ln p(y\mid\hat{\theta})^3-3\ln p(y\mid\hat{\theta})^2\ln p(y\mid\theta)+3\ln p(y\mid\hat{\theta})\ln p(y\mid\theta)^2-$$

$$\ln p\ (y\mid\theta)^{3}]p(\theta)\mathrm{d}\theta$$

$$= \ln p\ (y\mid\hat{\theta})^{3} - 3\ln p\ (y\mid\hat{\theta})^{2}u(0) + 3\ln p(y\mid\hat{\theta})\int_{\Theta}\ln p\ (y\mid\theta)^{2}p(\theta)\mathrm{d}\theta -$$

$$\int_{\Theta}\ln p\ (y\mid\theta)^{3}p(\theta)\mathrm{d}\theta \tag{18}$$

因此

$$\left|\int_{\Theta}\ln p\ (y\mid\theta)^{3}p(\theta)\mathrm{d}\theta\right| = \mid\ln p\ (y\mid\hat{\theta})^{3} - 3\ln p\ (y\mid\hat{\theta})^{2}u(0) +$$

$$3\ln p(y\mid\hat{\theta})\int_{\Theta}\ln p\ (y\mid\theta)^{2}p(\theta)\mathrm{d}\theta - \int_{\Theta}[\ln p(y\mid\hat{\theta}) - \ln p(y\mid\theta)]^{3}p(\theta)\mathrm{d}\theta\mid$$

$$\leqslant \mid\ln p\ (y\mid\hat{\theta})^{3}\mid + \mid 3\ln p\ (y\mid\hat{\theta})^{2}u(0)\mid + \mid 3\ln p(y\mid\hat{\theta})\mid\int_{\Theta}\ln p\ (y\mid\theta)^{2}p(\theta)\mathrm{d}\theta +$$

$$\left|\int_{\Theta}[\ln p(y\mid\hat{\theta}) - \ln p(y\mid\theta)]^{3}p(\theta)\mathrm{d}\theta\right| < +\infty \tag{19}$$

对于 $r = 4$

$$E_{0}\left[\ln p(y\mid\theta) - \ln p(y\mid\hat{\theta})\right]^{4}$$

$$= \sum_{d=0}^{4}C_{4}^{d}\left[-\ln p(y\mid\hat{\theta})\right]^{4-d}\int_{\Theta}\ln p\ (y\mid\theta)^{d}p(\theta)\mathrm{d}\theta \tag{20}$$

因此

$$E_{\theta}\left[\ln p\ (y\mid\theta)^{4}\right] = E_{\theta}\left[\ln p(y\mid\theta) - \ln p(y\mid\hat{\theta})\right]^{4} -$$

$$\sum_{d=0}^{3}C_{4}^{d}\left[-\ln p(y\mid\hat{\theta})\right]^{4-d}\int_{\Theta}\ln p\ (y\mid\theta)^{d}p(\theta)\mathrm{d}\theta$$

$$\leqslant E_{\theta}\left(\ln p(y\mid\theta) - \ln p(y\mid\hat{\theta})\right)^{4} +$$

$$\sum_{d=0}^{3}C_{4}^{d}\mid\ln p(y\mid\hat{\theta})\mid^{4-d}\left|\int_{\Theta}\ln p\ (y\mid\theta)^{d}p(\theta)\mathrm{d}\theta\right| < +\infty \tag{21}$$

于是推论1的第二部分得证。

接下来，证明推论1的第三部分。注意到

$$\ln m(y\mid b) = \ln m(y\mid b) - \ln m(y\mid 0) = \int_{0}^{b}u(x)\mathrm{d}x \tag{22}$$

$$bu(0) \leqslant \int_{0}^{b}u(x)\mathrm{d}x \leqslant bu(b)$$

注意 $u(0)$ 和 $u(b)$ 都有界，因此 $\ln m(y \mid b)$ 也有界。并且对于任意的 $b \in (0,1]$，我们有

$$m(y \mid b) = \int_{\Theta} p(y \mid \theta_b)^b p(\theta_b) \mathrm{d}\theta_b = \int_{\Theta} \exp[b \ln p(y \mid \theta_b)] p(\theta_b) \mathrm{d}\theta_b$$

$$= p(y \mid \hat{\theta})^b \int_{\Theta} \exp\{b[\ln p(y \mid \theta_b) - \ln p(y \mid \hat{\theta})]\} p(\theta_b) \mathrm{d}\theta_b$$

$$\leqslant p(y \mid \hat{\theta})^b \int_{\Theta} p(\theta_b) \mathrm{d}\theta_b = p(y \mid \hat{\theta})^b \qquad (23)$$

从公式 (22) 可以得到

$$b \ln p(y \mid \hat{\theta}) - \ln m(y \mid b) \leqslant b[\ln p(y \mid \hat{\theta}) - u(0)] = bu^*(0) \quad (24)$$

基于公式 (23) 和公式 (24)，我们有

$$1 \leqslant \frac{p(y \mid \hat{\theta})^b}{m(y \mid b)} = \exp[b \ln p(y \mid \hat{\theta}) - \ln m(y \mid b)] \leqslant \exp[bu^*(0)]$$

$$(25)$$

推论 1 证毕。

二、推论 2 的证明

如果一个随机变量绝对可积，那么随机变量的期望存在（Taboga，2012，第 129 页，定义 97）。即 $\mathrm{E}_u(f(\theta))$ 存在如果

$$\int_{\Theta} |f(\theta)| u(\theta) \mathrm{d}\theta < +\infty \qquad (26)$$

蒙特卡罗积分通过以下公式近似 $\mathrm{E}_u(f(\theta))$

$$\hat{\mathrm{E}}_u(f(\theta)) := \frac{1}{J} \sum_{j=1}^{J} f(\theta_{(j)}) \qquad (27)$$

其中 $\{\theta_{(j)}\}_{j=1}^{J}$ 是从分布 $u(\theta)$ 中随机抽取的独立同分布的参数值。Geweke（1989）证明了当 $\mathrm{Var}_u(f(\theta))\,(= \mathrm{E}_u[(f(\theta) - \mathrm{E}_u f(\theta))^2])$ 有界，中心极限定理适用，且随着 $J \to +\infty$，在 u 的概率测度下

$$\sqrt{J}\left[\frac{1}{J}\sum_{j=1}^{J} f(\theta_{(j)}) - \mathrm{E}_u(f(\theta))\right] \xrightarrow{d} \mathrm{N}[0, \mathrm{Var}_u(f(\theta))] \qquad (28)$$

在我们的语境中，从幂后验或后验分布中随机抽取的 MCMC 样本，通常不是独立的。但是，它们通常具有平稳遍历的性质。当 $\{\theta_{(j)}\}_{j=1}^{J}$ 是平稳

遍历的序列，$\{f(\theta_{(j)})\}_{j=1}^{J}$ 也是平稳遍历的。和公式（28）中对独立同分布的序列应用中心极限定理类似，我们也可以对平稳遍历的序列应用中心极限定理。例如，见 Peters 和 Matsui（2015），公式（2.30）。特别地，定义长期方差 $\{f(\theta_{(j)})\}_{j=1}^{J}$，其中 $\{\theta_{(j)}\}_{j=1}^{J}$ 是从 $u(\theta)$ 中随机抽取的平稳遍历的序列，

$$\mathrm{LVar}_u(f(\theta)) = \mathrm{Var}_u(f(\theta)) + 2\sum_{k=1}^{+\infty} \mathrm{Cov}_u(f(\theta_{(1)}), f(\theta_{(1+k)})) \qquad (29)$$

注意 $\sum_{k=1}^{+\infty} \mathrm{Cov}_u(f(\theta_{(1)}), f(\theta_{(1+k)})) < \infty$（根据平稳遍历的定义[①]）。因此，为了证明 $\mathrm{LVar}_u(f(\theta))$ 有界，我们只需要证明 $\mathrm{Var}_u(f(\theta))$ 有界。这可以用 $\mathrm{E}_u(f^2(\theta))$ 的有界性来保证。

令 $\{\theta_{0,(j)}\}_{j=1}^{J_0}$，$\{\theta_{b,(j)}\}_{j=1}^{J}$ 的定义如正文。对于 $b = 0$，注意到

$$\mathrm{E}_0[\ln p(y\,|\,\theta)] = u(0) = \int_{\Theta} \ln p(y\,|\,\theta)p(\theta)\,\mathrm{d}\theta \qquad (30)$$

根据推论1，$u(0)$ 有界。并且

$$\mathrm{E}_0\left[\ln p(y\,|\,\theta)\right]^2 = \int_{\Theta}\left[\ln p(y\,|\,\theta)\right]^2 p(\theta)\,\mathrm{d}\theta < +\infty \qquad (31)$$

因此 $\mathrm{Var}_0[\ln p(y\,|\,\theta)]$ 有界。对于 $b \in (0,1]$，根据推论1，$u(b)$ 有界。并且

$$\mathrm{E}_{\theta_b\,|\,y,b}\left[\ln p(y\,|\,\theta_b)\right]^2 = \int_{\Theta}\left[\ln p(y\,|\,\theta_b)\right]^2 p(\theta_b\,|\,y,b)\,\mathrm{d}\theta_b$$

$$= \int_{\Theta}\left[\ln p(y\,|\,\theta_b)\right]^2 \frac{\exp(b\ln p(y\,|\,\theta_b))}{m(y\,|\,b)} p(\theta_b)\,\mathrm{d}\theta_b \qquad (32)$$

由于 $\ln p(y\,|\,\theta) - \ln p(y\,|\,\hat{\theta}) \leqslant 0$，根据推论1，我们有

$$\int_{\Theta}\left[\ln p(y\,|\,\theta_b)\right]^2 \frac{\exp(b\ln p(y\,|\,\theta_b))}{m(y\,|\,b)} p(\theta_b)\,\mathrm{d}\theta_b$$

---

① 文献中有多种条件可以保证平稳遍历。例如，Hamilton［1994，公式（7.2.3）］用绝对可加的自协方差来建立遍历性。Hassler（2017，Proposition 2）通过假设渐近不相关来建立遍历性。Jones（2004）总结了对有序列相关性的 MCMC 抽样序列应用中心极限定理的不同形式。这里，我们简单起见，采用 Hamilton（1994）的方式定义遍历性。

$$= \frac{p(y \mid \hat{\theta})^b}{m(y \mid b)} \int_{\Theta} [\ln p(y \mid \theta_b)]^2 \{\exp[b(\ln p(y \mid \theta_b) - \ln p(y \mid \hat{\theta}))]\} p(\theta_b) \mathrm{d}\theta_b$$

$$\leqslant \frac{p(y \mid \hat{\theta})^b}{m(y \mid b)} \int_{\Theta} [\ln p(y \mid \theta_b)]^2 p(\theta_b) \mathrm{d}\theta_b$$

$$\leqslant \exp[bu^*(0)] \int_{\Theta} [\ln p(y \mid \theta_b)]^2 p(\theta_b) \mathrm{d}\theta_b$$

$$\leqslant \exp[u^*(0)] \int_{\Theta} [\ln p(y \mid \theta_b)]^2 p(\theta_b) \mathrm{d}\theta_b$$

$$= \exp[u^*(0)] \int_{\Theta} [\ln p(y \mid \theta)]^2 p(\theta) \mathrm{d}\theta < +\infty \tag{33}$$

通过公式（33），$E_{\theta_b \mid y,b}[\ln p(y \mid \theta_b)]^2$ 被一个独立于 b 的常量限制住。因此，$\sup\limits_{b \in [0,1]} \mathrm{Var}_{\theta_b \mid y,b}[\ln p(y \mid \theta_b)] < +\infty$。因此，在 C1～C8 下，当数据给定，样本量固定且有限，随着 $J \to +\infty$，对于任意的 $b \in [0,1]$，我们有

$$\sup\limits_{b \in [0,1]} \mathrm{Var}_{\theta_b \mid y,b}[\hat{u}(b)] = O(J^{-1}) \tag{34}$$

推论 2 证毕。

三、推论 3 的证明

首先，回顾 Chen（1985）和 Kass 等（1990）的几个重要结论。当 $n \to +\infty$，Kass 等（1990）证明了[①]

$$(\bar{\theta} - \hat{\theta}) \mid y = O(n^{-1}) \tag{35}$$

以及 Chen（1985，定理 2.1）证明了

$$\Sigma_n^{-\frac{1}{2}}(\theta - \hat{\theta}) \mid y \xrightarrow{d} N(0, I_q)，即 (\theta - \hat{\theta}) \mid y = O_p(n^{-\frac{1}{2}})， \tag{36}$$

其中：θ 服从分布 $p(\theta \mid y)$，O_p（以及余下证明中的 o_p）对应于后验分布 $p(\theta \mid y)$。

C9 保证了线性变换总是被合理定义的。注意 $\theta = \sqrt{b}(\theta_b - \bar{\theta}) + \bar{\theta}$，以及 θ_b 服从分布 $p_A(\theta_b \mid y, b) = b^{\frac{q}{2}} p(y \mid \theta) p(\theta) / m(y)$。因此，给定数据 y，我们有

---

① 特别地，在 Kass 等（1990）的公式（2.6）中取 $\gamma = 1, b = p(\theta), g(\theta) = \theta$。

$$\theta - \hat{\theta} = \sqrt{b}(\theta_b - \bar{\theta}) + \bar{\theta} - \hat{\theta} = \sqrt{b}(\theta_b - \hat{\theta}) + (1 - \sqrt{b})(\bar{\theta} - \hat{\theta})$$

$$= \sqrt{b}(\theta_b - \hat{\theta}) + O(n^{-1}) \tag{37}$$

根据公式（37），基于泰勒展开，我们有

$$\ln p(y \mid \hat{\theta}) - \ln p(y \mid \theta) = -\frac{1}{2}(\theta - \hat{\theta})' L_n^{(2)}(\theta_a)(\theta - \hat{\theta})$$

$$= -\frac{1}{2}(\theta - \hat{\theta})' L_n^{(2)}(\hat{\theta})(\theta - \hat{\theta}) - \frac{1}{2}(\theta - \hat{\theta})'[L_n^{(2)}(\theta_a) - L_n^{(2)}(\hat{\theta})](\theta - \hat{\theta})$$

$$= -\frac{1}{2}[\sqrt{b}(\theta_b - \hat{\theta}) + (1 - \sqrt{b})(\bar{\theta} - \hat{\theta})] L_n^{(2)}(\hat{\theta})[\sqrt{b}(\theta_b - \hat{\theta}) + (1 - \sqrt{b})$$

$$(\bar{\theta} - \hat{\theta})] - \frac{1}{2}(\theta - \hat{\theta})'[L_n^{(2)}(\theta_a) - L_n^{(2)}(\hat{\theta})](\theta - \hat{\theta})$$

$$= -\frac{1}{2}\sqrt{b}(\theta_b - \hat{\theta})' L_n^{(2)}(\hat{\theta}) \sqrt{b}(\theta_b - \hat{\theta}) - (1 - \sqrt{b})(\bar{\theta} - \hat{\theta})' L_n^{(2)}(\hat{\theta})$$

$$\sqrt{b}(\theta_b - \hat{\theta}) - \frac{1}{2}(1 - \sqrt{b})^2(\bar{\theta} - \hat{\theta})' L_n^{(2)}(\hat{\theta})(\bar{\theta} - \hat{\theta}) - \frac{1}{2}(\theta - \hat{\theta})'$$

$$[L_n^{(2)}(\theta_a) - L_n^{(2)}(\hat{\theta})](\theta - \hat{\theta})$$

$$= -\frac{1}{2}\sqrt{b}(\theta_b - \hat{\theta})' L_n^{(2)}(\hat{\theta}) \sqrt{b}(\theta_b - \hat{\theta}) + R(\theta_b) \tag{38}$$

其中

$$R(\theta_b) = -(1 - \sqrt{b})(\bar{\theta} - \hat{\theta})' L_n^{(2)}(\hat{\theta}) \sqrt{b}(\theta_b - \hat{\theta})$$

$$-\frac{1}{2}(1 - \sqrt{b})^2(\bar{\theta} - \hat{\theta})' L_n^{(2)}(\hat{\theta})(\bar{\theta} - \hat{\theta})$$

$$-\frac{1}{2}(\theta - \hat{\theta})'[L_n^{(2)}(\theta_a) - L_n^{(2)}(\hat{\theta})](\theta - \hat{\theta}) \tag{39}$$

类似地，基于泰勒展开，我们还有

$$b[\ln p(y \mid \hat{\theta}) - \ln p(y \mid \theta_b)] = -\frac{1}{2}\sqrt{b}(\theta_b - \hat{\theta})' L_n^{(2)}(\theta_{ba}) \sqrt{b}(\theta_b - \hat{\theta})$$

$$= -\frac{1}{2}\sqrt{b}(\theta_b - \hat{\theta})' L_n^{(2)}(\hat{\theta}) \sqrt{b}(\theta_b - \hat{\theta}) +$$

$$\frac{1}{2}\sqrt{b}(\theta_b - \hat{\theta})'[L_n^{(2)}(\hat{\theta}) - L_n^{(2)}(\theta_{ba})] \sqrt{b}(\theta_b - \hat{\theta})$$

$$= -\frac{1}{2} \sqrt{b} \ (\theta_b - \hat{\theta})' L_n^{(2)}(\hat{\theta}) \ \sqrt{b} \ (\theta_b - \hat{\theta}) + R_b(\theta_b) \tag{40}$$

其中

$$R_b(\theta_b) = \frac{1}{2} \sqrt{b} \ (\theta_b - \hat{\theta})' [L_n^{(2)}(\hat{\theta}) - L_n^{(2)}(\theta_{ba})] \ \sqrt{b} \ (\theta_b - \hat{\theta}) \tag{41}$$

$\theta_{ba} = a\theta_b + (1 - a)\hat{\theta}, \ a \in (0, 1)$。

基于公式（36），我们有

$$\theta_a = a\theta + (1 - a)\hat{\theta} = a[\hat{\theta} + O_p(n^{-\frac{1}{2}})] + (1 - a)\hat{\theta} = \hat{\theta} + O_p(n^{-\frac{1}{2}}) \tag{42}$$

进一步，根据 C2 和 C4 及连续映射定理，我们有

$$\frac{1}{n} L_n^{(2)}(\theta_a) = \frac{1}{n} L_n^{(2)}(\hat{\theta}) + o_p(1) = O_p(1) \tag{43}$$

根据 C4，可知 $L_n^{(2)}(\hat{\theta}) \sim O(n)$。根据公式（36），可知 $(\theta - \hat{\theta}) \mid y \sim O_p(n^{-\frac{1}{2}})$。根据公式（36）和公式（37），我们有 $\sqrt{b} \ (\theta_b - \hat{\theta}) \mid y = O_p(n^{-\frac{1}{2}}) + O(n^{-1})$。因此 $R(\theta_b)$ 的阶为

$$R(\theta_b) = O(n^{-1})O_p(n)[O_p(n^{-\frac{1}{2}}) + O(n^{-1})] + O(n^{-1})O_p(n)O(n^{-1}) +$$

$$O_p(n^{-\frac{1}{2}})o_p(n)O_p(n^{-\frac{1}{2}}) = o_p(1) \tag{44}$$

当 $b \in \left(\frac{1}{n}, 1\right]$，使得 $b = n^{-(1-k_b)}$，$k_b \in (0, 1]$，给定数据 y，

$$\theta_b - \hat{\theta} = b^{-\frac{1}{2}}[\theta - \hat{\theta} + O(n^{-1})] = b^{-\frac{1}{2}}[O_p(n^{-\frac{1}{2}}) + O(n^{-1})]$$

$$= O_p(n^{-\frac{k_b}{2}}) + O(n^{-\frac{k_b}{2} - \frac{1}{2}}) = o_p(1) \tag{45}$$

因此

$$\theta_{ba} = a\theta_b + (1 - a)\hat{\theta} = a[\theta_b - \hat{\theta}] + \hat{\theta} = \hat{\theta} + o_p(1) \tag{46}$$

根据 C2 和 C4 及连续映射定理，$\frac{1}{n} L_n^{(2)}(\theta_{ba}) = \frac{1}{n} L_n^{(2)}(\hat{\theta}) + o_p(1)$。因此 $R_b(\theta_b)$ 的阶为

$$R_b(\theta_b) = [O_p(n^{-\frac{1}{2}}) + O(n^{-1})]o_p(n)[O_p(n^{-\frac{1}{2}}) + O(n^{-1})] = o_p(1) \tag{47}$$

令 $R(\theta,b) = b[\ln p(y\mid\theta_b) - \ln p(y\mid\hat{\theta})] + \ln p(y\mid\hat{\theta}) - \ln p(y\mid\theta)$。根据公式(44)和公式(47)，易见

$$R(\theta,b) = \frac{1}{2}\sqrt{b}\,(\theta_b - \hat{\theta})'\,L_n^{(2)}(\hat{\theta})\,\sqrt{b}\,(\theta_b - \hat{\theta}) - R_b(\theta_b)$$

$$-\frac{1}{2}\sqrt{b}\,(\theta_b - \hat{\theta})'\,L_n^{(2)}(\hat{\theta})\,\sqrt{b}\,(\theta_b - \hat{\theta}) + R(\theta_b)$$

$$= R(\theta_b) - R_b(\theta_b) = o_p(1) \tag{48}$$

至于权函数 $p(\theta_b\mid y,b)/p_A(\theta_b\mid y,b)$，可以推出

$$\frac{p(\theta_b\mid y,b)}{p_A(\theta_b\mid y,b)} = \frac{\dfrac{p(y\mid\theta_b)^b p(\theta_b)}{m(y\mid b)}}{\dfrac{b^{\frac{q}{2}}p(y\mid\theta)p(\theta)}{m(y)}}$$

$$= \exp[b\ln p(y\mid\theta_b) - \ln p(y\mid\theta)]\frac{b^{-\frac{q}{2}}m(y)}{m(y\mid b)}\frac{p(\theta_b)}{p(\theta)}$$

$$= \exp[b(\ln p(y\mid\theta_b) - \ln p(y\mid\hat{\theta})) + \ln p(y\mid\hat{\theta}) -$$

$$\ln p(y\mid\theta)]\frac{b^{-\frac{q}{2}}m(y)p(y\mid\hat{\theta})^b}{m(y\mid b)p(y\mid\hat{\theta})}\frac{p(\theta_b)}{p(\theta)} \tag{49}$$

其中 θ_b 服从分布 $p_A(\theta_b\mid y,b)$，$\theta = \sqrt{b}(\theta_b - \bar{\theta}) + \bar{\theta}$。因此

$$\left[\frac{p(\theta_b\mid y,b)}{p_A(\theta_b\mid y,b)}\right]^2 = \exp[2R(\theta,b)]\left[\frac{b^{-\frac{q}{2}}m(y)p(y\mid\hat{\theta})^b}{m(y\mid b)p(y\mid\hat{\theta})}\right]^2\left[\frac{p(\theta_b)}{p(\theta)}\right]^2$$

$$\tag{50}$$

从而

$$\int_\Theta\left[\frac{p(\theta_b\mid y,b)}{p_A(\theta_b\mid y,b)}\right]^2 p_A(\theta_b\mid y,b)\,\mathrm{d}\theta_b$$

$$= \int_\Theta \exp[2R(\theta,b)]\left[\frac{b^{-\frac{q}{2}}m(y)p(y\mid\hat{\theta})^b}{m(y\mid b)p(y\mid\hat{\theta})}\right]^2\left[\frac{p(\theta_b)}{p(\theta)}\right]^2 p_A(\theta_b\mid y,b)\,\mathrm{d}\theta_b$$

$$= \left[\frac{b^{-\frac{q}{2}}m(y)p(y\mid\hat{\theta})^b}{m(y\mid b)p(y\mid\hat{\theta})}\right]^2\int_\Theta \exp[2R(\theta,b)]\left[\frac{p(\theta_b)}{p(\theta)}\right]^2 p_A(\theta_b\mid y,b)\,\mathrm{d}\theta_b$$

$$\tag{51}$$

基于公式 (51)，要证明推论 3，我们只需证明

$$\left[\frac{b^{-\frac{q}{2}}m(y)p\left(y\mid\hat{\theta}\right)^{b}}{m(y\mid b)p(y\mid\hat{\theta})}\right]^{2}<+\infty \tag{52}$$

以及

$$\int_{\Theta}\exp\left[2R(\theta,b)\right]\left[\frac{p(\theta_{b})}{p(\theta)}\right]^{2}p_{A}(\theta_{b}\mid y,b)\mathrm{d}\theta_{b}<+\infty \tag{53}$$

为了证明公式 (52)，注意到 $m(y)/p(y\mid\hat{\theta})\leqslant 1$。再根据推论 1，我们有

$$1\leqslant\frac{p\left(y\mid\hat{\theta}\right)^{b}}{m(y\mid b)}=\exp\left[b\ln p(y\mid\hat{\theta})-\ln m(y\mid b)\right]\leqslant\exp\left[u^{*}(0)\right]<+\infty \tag{54}$$

因此，对于任意的 $b\in\left(\dfrac{1}{n},1\right]$，我们有

$$\left[\frac{b^{-\frac{q}{2}}m(y)p\left(y\mid\hat{\theta}\right)^{b}}{m(y\mid b)p(y\mid\hat{\theta})}\right]^{2}\leqslant n^{q}\exp\left[2u^{*}(0)\right]<+\infty \tag{55}$$

为了证明公式 (53)，注意到

$$\int_{\Theta}\exp\left[2R(\theta,b)\right]\left[\frac{p(\theta_{b})}{p(\theta)}\right]^{2}p_{A}(\theta_{b}\mid y,b)\mathrm{d}\theta_{b}$$

$$=\int_{\Theta}\left\{\exp\left[2R(\theta,b)\right]\sqrt{p_{A}(\theta_{b}\mid y,b)}\right\}\left\{\left[\frac{p(\theta_{b})}{p(\theta)}\right]^{2}\sqrt{p_{A}(\theta_{b}\mid y,b)}\right\}\mathrm{d}\theta_{b}$$

$$\leqslant\frac{1}{2}\int_{\Theta}\exp\left[4R(\theta,b)\right]p_{A}(\theta_{b}\mid y,b)\mathrm{d}\theta_{b}+\frac{1}{2}\int_{\Theta}\left[\frac{p(\theta_{b})}{p(\theta)}\right]^{4}p_{A}(\theta_{b}\mid y,b)\mathrm{d}\theta_{b} \tag{56}$$

因此我们只需证明

$$\int_{\Theta}\exp\left[4R(\theta,b)\right]p_{A}(\theta_{b}\mid y,b)\mathrm{d}\theta_{b}<+\infty \tag{57}$$

以及

$$\int_{\Theta}\left[\frac{p(\theta_{b})}{p(\theta)}\right]^{4}p_{A}(\theta_{b}\mid y,b)\mathrm{d}\theta_{b}<+\infty \tag{58}$$

为了证明公式 (57)，根据公式 (48)，可以证明 $\exp\left[4R(\theta,b)\right]=O_{p}(1)$。

因此，类似于 Kass 等（1990），我们有[①]

$$\int_{\Theta} \exp[4R(\theta,b)] p_A(\theta_b \mid y,b) \mathrm{d}\theta_b = \int_{\Theta} \exp[4R(\theta,b)] \frac{b^{\frac{q}{2}} p(y \mid \theta) p(\theta)}{m(y)} \mathrm{d}\theta_b$$

$$= \int_{\Theta} \exp[4R(\theta,b)] \frac{p(y \mid \theta) p(\theta)}{m(y)} \mathrm{d}(b^{\frac{q}{2}}\theta_b)$$

$$= \int_{\Theta} \exp[4R(\theta,b)] \frac{p(y \mid \theta) p(\theta)}{m(y)} \mathrm{d}\theta = \exp[4R(\hat{\theta},b)] + O(n^{-1}) \qquad (59)$$

令 $\hat{\theta}_b^* = \frac{1}{\sqrt{b}}(\hat{\theta}-\bar{\theta}) + \bar{\theta}$，根据公式（40），我们有

$$R(\hat{\theta},b) = b(\ln p(y \mid \hat{\theta}_b^*) - \ln p(y \mid \hat{\theta})) + \ln p(y \mid \hat{\theta}) - \ln p(y \mid \hat{\theta})$$

$$= b(\ln p(y \mid \hat{\theta}_b^*) - \ln p(y \mid \hat{\theta})) = \frac{1}{2}\sqrt{b}\,(\hat{\theta}_b^* - \hat{\theta})' L_n^{(2)}(\hat{\theta}_{ba}^*)\,\sqrt{b}\,(\hat{\theta}_b^* - \hat{\theta})$$

$$= [(\hat{\theta}-\bar{\theta}) - \sqrt{b}(\hat{\theta}-\bar{\theta})]' L_n^{(2)}(\hat{\theta}_{ba}^*)[(\hat{\theta}-\bar{\theta}) - \sqrt{b}(\hat{\theta}-\bar{\theta})]$$

$$= O(n^{-1})O(n)O(n^{-1}) = O(n^{-1}), \qquad (60)$$

其中 $\hat{\theta}_{ba}^* = a\hat{\theta}_b^* + (1-a)\hat{\theta} = \hat{\theta} + o(1)$。因此，根据公式（59），我们有

$$\int_{\Theta} \exp[4R(\theta,b)] p_A(\theta_b \mid y,b) \mathrm{d}\theta_b = \exp[4R(\hat{\theta},b)] + O(n^{-1}) = O(1)$$

$$\qquad (61)$$

为了证明公式（58），类似 Kass 等（1990），我们有[②]

$$\int_{\Theta} \left[\frac{p(\theta_b)}{p(\theta)}\right]^4 p_A(\theta_b \mid y,b) \mathrm{d}\theta_b = \int_{\Theta} \left[\frac{p(\theta_b)}{p(\theta)}\right]^4 \frac{b^{\frac{q}{2}} p(y \mid \theta) p(\theta)}{m(y)} \mathrm{d}\theta_b$$

$$= \int_{\Theta} \left[\frac{p(\theta_b)}{p(\theta)}\right]^4 \frac{p(y \mid \theta) p(\theta)}{m(y)} \mathrm{d}[b^{\frac{q}{2}}\theta_b] = \int_{\Theta} \left[\frac{p(\theta_b)}{p(\theta)}\right]^4 \frac{p(y \mid \theta) p(\theta)}{m(y)} \mathrm{d}\theta$$

[①] 特别地，令 Kass 等（1990）中的公式（2.6）中的 $\gamma = 1, b = p(\theta), g(\theta) = \exp[4R(\theta,b)]$。

[②] 特别地，令 Kass 等（1990）中的公式（2.6）中 $\gamma = 1, b = p(\theta), g(\theta) = \left[\frac{p\left(\frac{1}{\sqrt{b}}(\theta-\bar{\theta})+\bar{\theta}\right)}{p(\theta)}\right]^4$。

$$= \int_{\Theta} \left[\frac{p\left(\frac{1}{\sqrt{b}}(\theta - \bar{\theta}) + \bar{\theta} \right)}{p(\theta)} \right]^4 \frac{p(y \mid \theta)p(\theta)}{m(y)} \mathrm{d}\theta$$

$$= \left[\frac{p\left(\frac{1}{\sqrt{b}}(\hat{\theta} - \bar{\theta}) + \bar{\theta} \right)}{p(\hat{\theta})} \right]^4 + O(n^{-1}) \tag{62}$$

由于 $b \in \left(\dfrac{1}{n}, 1 \right]$ 以及 $(\bar{\theta} - \hat{\theta}) \mid y = O(n^{-1})$，根据 C7 以及连续映射定理，给定数据 y，我们有

$$\left[\frac{p\left(\frac{1}{\sqrt{b}}(\hat{\theta} - \bar{\theta}) + \bar{\theta} \right)}{p(\hat{\theta})} \right]^4 = \left[\frac{p(O(n^{-\frac{1}{2}}) + \bar{\theta})}{p(\hat{\theta})} \right]^4 = \left[\frac{p(O(n^{-\frac{1}{2}}) + \hat{\theta})}{p(\hat{\theta})} \right]^4 = O(1) \tag{63}$$

故

$$\int_{\Theta} \left[\frac{p(\theta_b)}{p(\theta)} \right]^4 p_A(\theta_b \mid y, b) \mathrm{d}\theta_b = O(1) \tag{64}$$

因此当 n 给定且有界，存在正整数 n^*，使得当 $n \geq n^*$，公式（53）成立。

结合公式（52）、公式（57）及公式（58），当 $b \in \left(\dfrac{1}{n}, 1 \right]$，我们有

$$\int_{\Theta} \left[\frac{p(\theta_b \mid y, b)}{p_A(\theta_b \mid y, b)} \right]^2 p_A(\theta_b \mid y, b) \mathrm{d}\theta_b < +\infty \tag{65}$$

类似地，我们可以证明

$$\int_{\Theta} \left[\frac{p(\theta_b \mid y, b)}{p_A(\theta_b \mid y, b)} \right]^3 p_A(\theta_b \mid y, b) \mathrm{d}\theta_b < +\infty \tag{66}$$

推论 3 证毕。

四、推论 4 的证明

应用重要性抽样，基于提议分布 $v(\theta)$，我们可以估计期望

$$\mathrm{E}_u[f(\theta)] := \int_{\Theta} f(\theta)u(\theta)\mathrm{d}\theta = \int_{\Theta} f(\theta) \frac{u(\theta)}{v(\theta)} v(\theta)\mathrm{d}\theta \tag{67}$$

为

$$\hat{E}_u[f(\theta)] := \frac{1}{J}\sum_{j=1}^{J} f(\theta_{(j)}) w(\theta_{(j)}) \tag{68}$$

其中：$\{\theta_{(j)}\}_{j=1}^{J}$ 是从 $v(\theta)$ 中随机抽取的独立同分布或平稳遍历的序列。定义 $\mathrm{Var}_v(f(\theta))$ 为 $E_v[w(\theta)^2(f(\theta)-E_u(f(\theta)))^2]$。类似于推论 2 的证明，如果 $\mathrm{Var}_v(f(\theta)) < +\infty$，我们可以对公式（68）使用中心极限定理。

注意到

$$E_v[w(\theta)^2(f(\theta)-E_u(f(\theta)))^2]$$
$$= E_v[w(\theta)^2 f(\theta)^2 - 2w(\theta)^2 f(\theta)E_u(f(\theta)) +$$
$$w(\theta)^2(E_u(f(\theta)))^2] \tag{69}$$

并且

$$2E_v[w(\theta)^2 f(\theta)E_u(f(\theta))] \leqslant E_v[w(\theta)^2 f(\theta)^2] +$$
$$E_v[w(\theta)^2](E_u(f(\theta)))^2 \tag{70}$$

因此，如果 $E_v[w(\theta)^2 f(\theta)^2]$ 和 $E_v[w(\theta)^2]$ 都小于 $+\infty$，那么 $\mathrm{Var}_v(f(\theta)) < +\infty$。下面我们来证明在我们的语境下，$E_v[w(\theta)^2 f(\theta)^2]$ 和 $E_v[w(\theta)^2]$ 小于正无穷。

令 $\{\theta_{0,(j)}\}_{j=1}^{J_0}$，$\{\theta_{b_s,(j)}^{tr}\}_{j=1}^{J}$ 的定义如正文。对于任意的 $b_s \in [0,1/n]$，对 $\hat{u}_w(b_s)$ 应用中心极限定理，可以证明 $E_0[w_{0b_s}]^2$ 和 $E_0[w_{0b_s}^2(\ln p(y\mid\theta))^2]$ 都是有界的。具体来看，根据推论 1

$$E_0[w_{0b_s}]^2 = \int_\Theta \frac{p(y\mid\theta)^{2b_s}p(\theta)^2}{m(y\mid b_s)^2 p(\theta)^2}p(\theta)\,\mathrm{d}\theta = \int_\Theta \frac{p(y\mid\theta)^{2b_s}}{m(y\mid b_s)^2}p(\theta)\,\mathrm{d}\theta$$

$$= \frac{p(y\mid\hat\theta)^{2b_s}}{m(y\mid b_s)^2}\int_\Theta \exp[2b_s(\ln p(y\mid\theta)-\ln p(y\mid\hat\theta))]p(\theta)\,\mathrm{d}\theta \leqslant \frac{p(y\mid\hat\theta)^{2b_s}}{m(y\mid b_s)^2}$$

$$= \left[\frac{p(y\mid\hat\theta)^{b_s}}{m(y\mid b_s)}\right]^2 \leqslant \exp[2b_s u^*(0)] < \exp[2u^*(0)] < +\infty \tag{71}$$

因此 $E_0[w_{0b_s}]^2$ 对任何 $b_s \in [0,1/n]$ 都有界。

另外，回顾公式（32），给定数据和固定且有限的 n，由于 $\ln p(y\mid\theta) - \ln p(y\mid\hat\theta) \leqslant 0$，根据推论 1，我们有

$$\mathrm{E}_0\big[\,w_{0b_s}^2\,(\ln p(y\mid\theta))^2\,\big]=\int_{\Theta}(\ln p(y\mid\theta))^2\,w_{0b_s}^2 p(\theta)\mathrm{d}\theta$$

$$=\int_{\Theta}\left[\ln p(y\mid\theta)\,\frac{\exp(b_s\ln p(y\mid\theta))}{m(y\mid b_s)}\right]^2 p(\theta)\mathrm{d}\theta$$

$$=\frac{p\,(y\mid\hat{\theta})^{2b_s}}{m\,(y\mid b_s)^2}\int_{\Theta}\big[\ln p(y\mid\theta)\big]^2\big[\exp(2b_s(\ln p(y\mid\theta)-\ln p(y\mid\hat{\theta})))\big]p(\theta)\mathrm{d}\theta$$

$$\leqslant\big[\exp(b_s u^*(0))\big]^2\int_{\Theta}\big[\ln p(y\mid\theta)\big]^2 p(\theta)\mathrm{d}\theta$$

$$\leqslant\big[\exp(u^*(0))\big]^2\int_{\Theta}\big[\ln p(y\mid\theta)\big]^2 p(\theta)\mathrm{d}\theta<+\infty \tag{72}$$

因此，$\mathrm{E}_0\big[\,w_{0b_s}^2\,(\ln p(y\mid\theta))^2\,\big]$对任意的 $b_s\in[0,1/n]$ 也有界。因此 Var_0 $\big[\,w_{0b_s}(\ln p(y\mid\theta))\,\big]$ 有界。

应用中心极限定理，根据公式（72），容易看出 $\displaystyle\sup_{b_s\in[0,\frac{1}{n}]}\mathrm{Var}_0\big[\,w_{0b_s}\ln p$ $(y\mid\theta)\big]$ 也有界。类似推论 2，我们可以证明当 $J_0\to+\infty$ 时

$$\sup_{b\in[0,\frac{1}{n}]}\mathrm{Var}_0\big[\,\hat{u}_w(b)\,\big]=O(J_0^{-1}) \tag{73}$$

而对于 $b_s\in(1/n,1]$，回顾

$$\mathrm{E}_{\theta_{b_s}\mid y,b_s}\big[\ln p(y\mid\theta_{b_s})\big]=\int_{\Theta}\ln p(y\mid\theta_{b_s})p(\theta_{b_s}\mid y,b_s)\mathrm{d}\theta_{b_s}$$

$$=\int_{\Theta}\ln p(y\mid\theta_{b_s})\frac{p(\theta_{b_s}\mid y,b_s)}{p_A(\theta_{b_s}\mid y,b_s)}p_A(\theta_{b_s}\mid y,b_s)\mathrm{d}\theta_{b_s}$$

$$=\int_{\Theta}\ln p(y\mid\theta_{b_s})w_{b_s}(\theta_{b_s})\,p_A(\theta_{b_s}\mid y,b_s)\mathrm{d}\theta_{b_s} \tag{74}$$

基于公式（69）、公式（70）及公式（74），我们只需证明 $\mathrm{E}_A\big[\,w_{b_s}(\theta_{b_s})^2$ $\ln p(y\mid\theta_{b_s})^2\big]$ 和 $\mathrm{E}_A\big[\,w_{b_s}(\theta_{b_s})^2\big]$ 有界。

首先，我们证明 $\mathrm{E}_A\big[\,w_{b_s}(\theta_{b_s})^2\big]$ 有界。根据推论 3，我们有

$$\mathrm{E}_A\big[\,w_{b_s}(\theta_{b_s})^2\big]=\int_{\Theta}\frac{p(\theta_{b_s}\mid y,b_s)^2}{p_A(\theta_{b_s}\mid y,b_s)^2}p_A(\theta_{b_s}\mid y,b_s)\mathrm{d}\theta_{b_s}<+\infty \tag{75}$$

其次，我们证明 $\mathrm{E}_A\big[\,w_{b_s}(\theta_{b_s})^2\ln p(y\mid\theta_{b_s})^2\big]$ 有界。注意到

$$\mathrm{E}_A\big[\,w_{b_s}(\theta_{b_s})^2\ln p\,(y\mid\theta_{b_s})^2\big]$$

$$= \int_{\Theta} \left[\ln p(y \mid \theta_{b_s}) \right]^2 \frac{p(\theta_{b_s} \mid y, b_s)^2}{p_A(\theta_{b_s} \mid y, b_s)^2} p_A(\theta_{b_s} \mid y, b_s) \mathrm{d}\theta_{b_s}$$

$$= \int_{\Theta} \left[\ln p(y \mid \theta_{b_s}) \right]^2 \frac{p(\theta_{b_s} \mid y, b_s)}{p_A(\theta_{b_s} \mid y, b_s)} p(\theta_{b_s} \mid y, b_s) \mathrm{d}\theta_{b_s}$$

$$= \int_{\Theta} \left[\frac{p(\theta_{b_s} \mid y, b_s)}{p_A(\theta_{b_s} \mid y, b_s)} - 1 \right] \left[\ln p(y \mid \theta_{b_s}) \right]^2 p(\theta_{b_s} \mid y, b_s) \mathrm{d}\theta_{b_s} +$$

$$\int_{\Theta} \left[\ln p(y \mid \theta_{b_s}) \right]^2 p(\theta_{b_s} \mid y, b_s) \mathrm{d}\theta_{b_s} \tag{76}$$

根据 Hölder 不等式，我们可以证明

$$\int_{\Theta} \left| \left[\frac{p(\theta_{b_s} \mid y, b_s)}{p_A(\theta_{b_s} \mid y, b_s)} - 1 \right] \left[\ln p(y \mid \theta_{b_s}) \right]^2 \right| p(\theta_{b_s} \mid y, b_s) \mathrm{d}\theta_{b_s}$$

$$\leqslant \left[\int_{\Theta} \left[\frac{p(\theta_{b_s} \mid y, b_s)}{p_A(\theta_{b_s} \mid y, b_s)} - 1 \right]^2 p(\theta_{b_s} \mid y, b_s) \mathrm{d}\theta_{b_s} \right]^{\frac{1}{2}}$$

$$\left[\int_{\Theta} \left[\ln p(y \mid \theta_{b_s}) \right]^4 p(\theta_{b_s} \mid y, b_s) \mathrm{d}\theta_{b_s} \right]^{\frac{1}{2}} \tag{77}$$

从公式（76）和公式（77）出发，要证明 $\mathrm{E}_A \left[w_{b_s}(\theta_{b_s})^2 \ln p(y \mid \theta_{b_s})^2 \right] < +\infty$，我们只需证明

$$\int_{\Theta} \left[\frac{p(\theta_{b_s} \mid y, b_s)}{p_A(\theta_{b_s} \mid y, b_s)} - 1 \right]^2 p(\theta_{b_s} \mid y, b_s) \mathrm{d}\theta_{b_s} < +\infty \tag{78}$$

以及

$$\int_{\Theta} \left[\ln p(y \mid \theta_{b_s}) \right]^4 p(\theta_{b_s} \mid y, b_s) \mathrm{d}\theta_{b_s} < +\infty \tag{79}$$

其中公式（79）也能推出

$$\int_{\Theta} \left[\ln p(y \mid \theta_{b_s}) \right]^2 p(\theta_{b_s} \mid y, b_s) \mathrm{d}\theta_{b_s} < +\infty \tag{80}$$

为了证明公式（78），根据推论 3，我们有

$$\int_{\Theta} \left[\frac{p(\theta_{b_s} \mid y, b_s)}{p_A(\theta_{b_s} \mid y, b_s)} - 1 \right]^2 p(\theta_{b_s} \mid y, b_s) \mathrm{d}\theta_{b_s}$$

$$= \int_{\Theta} \left[\frac{p(\theta_{b_s} \mid y, b_s)^2}{p_A(\theta_{b_s} \mid y, b_s)^2} - 2 \frac{p(\theta_{b_s} \mid y, b_s)}{p_A(\theta_{b_s} \mid y, b_s)} + 1 \right] p(\theta_{b_s} \mid y, b_s) \mathrm{d}\theta_{b_s}$$

$$= \int_{\Theta} \left[\frac{p\left(\theta_{b_s} \mid y, b_s\right)^3}{p_A\left(\theta_{b_s} \mid y, b_s\right)^3} - 2 \frac{p\left(\theta_{b_s} \mid y, b_s\right)^2}{p_A\left(\theta_{b_s} \mid y, b_s\right)^2} \right] p_A(\theta_{b_s} \mid y, b_s) \mathrm{d}\theta_{b_s} + 1 < +\infty$$

$$(81)$$

为了证明公式（79），根据推论 1，我们有

$$\int_{\Theta} \left[\ln p(y \mid \theta_{b_s}) \right]^4 p(\theta_{b_s} \mid y, b_s) \mathrm{d}\theta_{b_s} = \int_{\Theta} \left[\ln p(y \mid \theta_{b_s}) \right]^4 \frac{p\left(y \mid \theta_{b_s}\right)^{b_s} p(\theta_{b_s})}{m(y \mid b_s)} \mathrm{d}\theta_{b_s}$$

$$\leqslant \frac{p\left(y \mid \hat{\theta}\right)^{b_s}}{m(y \mid b_s)} \int_{\Theta} \left[\ln p(y \mid \theta_{b_s}) \right]^4 p(\theta_{b_s}) \mathrm{d}\theta_{b_s}$$

$$= \frac{p\left(y \mid \hat{\theta}\right)^{b_s}}{m(y \mid b_s)} \int_{\Theta} \left[\ln p(y \mid \theta) \right]^4 p(\theta) \mathrm{d}\theta < +\infty$$

$$(82)$$

根据公式（81）和公式（82），我们能得到

$$\mathrm{E}_A\left[w_{b_s}(\theta_{b_s})^2 \ln p\left(y \mid \theta_{b_s}\right)^2 \right] = \int_{\Theta} \left[\frac{p(\theta_{b_s} \mid y, b_s)}{p_A(\theta_{b_s} \mid y, b_s)} - 1 \right] \left[\ln p(y \mid \theta_{b_s}) \right]^2$$

$$p(\theta_{b_s} \mid y, b_s) \mathrm{d}\theta_{b_s} + \int_{\Theta} \left[\ln p(y \mid \theta_{b_s}) \right]^2 p(\theta_{b_s} \mid y, b_s) \mathrm{d}\theta_{b_s} < +\infty \quad (83)$$

因此，根据公式（75）和公式（83），对于任意的 $b_s \in (1/n, 1]$，$\mathrm{E}_A[w_{b_s}(\theta_{b_s})^2 \ln p(y \mid \theta_{b_s})^2]$ 和 $\mathrm{E}_A[w_{b_s}(\theta_{b_s})^2]$ 都有界。并且，易见 $\sup\limits_{b_s \in (\frac{1}{n}, 1]} \mathrm{Var}_A[w_{b_s}(\theta_{b_s}) \ln p(y \mid \theta_{b_s})]$ 也是有界的。因此，使用中心极限定理，类似于推论 2，当 $J \to +\infty$，

$$\sup_{b \in (\frac{1}{n}, 1]} \mathrm{Var}_A[\hat{u}_w(b)] = O(J^{-1}) \quad (84)$$

推论 4 证毕。

附录 5
定理 4-1 的证明

在定理 4-1 的证明中，我们先考虑 $n\to+\infty$ 的极限情况，因此 $o_p(1)$ 或 $O_p(1)$ 中的 p 是针对来自数据产生过程的随机性。在考虑完极限情况后，由于我们的目标是对数似然函数，只有将 n 固定下来才有意义，因此我们将其更严谨地表述为，"给定一个固定的、有限的但足够大的 n，存在一个正整数 n^*，使得当 $n>n^*$ 时"，有什么结论成立。此时，我们将 $o_p(1)$ 修正为 $o(1)$，表示数据给定，n 固定，$o(1)$ 表示 n 的无穷小量。沿用定理 2-1 证明的符号，从 $\ln m(y)$ 出发，我们将其拆分为两个互补空间上的积分。即

$$\ln m(y) = \int_0^1 u(b)\,\mathrm{d}b = \int_0^1 \int_\Theta \ln p(y\mid\theta_b)p(\theta_b\mid y,b)\,\mathrm{d}\theta_b\mathrm{d}b$$

$$= \int_0^1 \int_\Theta \left[\ln p(y\mid\theta_b) - \ln p(y\mid\hat\theta)\right]p(\theta_b\mid y,b)\,\mathrm{d}\theta_b\mathrm{d}b + \ln p(y\mid\hat\theta)$$

$$= \int_0^1 \int_{N_0(\delta)} \left[\ln p(y\mid\theta_b) - \ln p(y\mid\hat\theta)\right]p(\theta_b\mid y,b)\,\mathrm{d}\theta_b\mathrm{d}b +$$

$$\int_0^1 \int_{\Theta\backslash N_0(\delta)} \left[\ln p(y\mid\theta_b) - \ln p(y\mid\hat\theta)\right]p(\theta_b\mid y,b)\,\mathrm{d}\theta_b\mathrm{d}b + \ln p(y\mid\hat\theta) \quad (1)$$

首先我们证明

$$\int_{\Theta\backslash N_0(\delta)} \left[\ln p(y\mid\theta_b) - \ln p(y\mid\hat\theta)\right]p(\theta_b\mid y,b)\,\mathrm{d}\theta_b \xrightarrow{p} 0，随着 n\to+\infty \quad (2)$$

为了证明公式（2），我们可以证明随着 $n\to+\infty$，

$$\left|\ln p(y\mid\hat\theta)\int_{\Theta\backslash N_0(\delta)} p(\theta_b\mid y,b)\,\mathrm{d}\theta_b\right| \xrightarrow{p} 0 \quad (3)$$

$$\left|\int_{\Theta\backslash N_0(\delta)} \ln p(y\mid\theta_b)p(\theta_b\mid y,b)\,\mathrm{d}\theta_b\right| \xrightarrow{p} 0 \quad (4)$$

为了证明公式（3），注意到

$$\left| \ln p(y \mid \hat{\theta}) \int_{\Theta \setminus N_0(\delta)} \frac{p(y \mid \theta_b)^b p(\theta_b)}{m(y \mid b)} \mathrm{d}\theta_b \right|$$

$$\leqslant \frac{p(y \mid \theta^0)^b}{m(y \mid b)} \mid \ln p(y \mid \hat{\theta}) \mid \int_{\Theta \setminus N_0(\delta)} p(\theta_b) \exp[b(\ln p(y \mid \theta_b) - \ln p(y \mid \theta^0))] \mathrm{d}\theta_b$$

$$\leqslant \frac{p(y \mid \hat{\theta})^b}{m(y \mid b)} \mid \ln p(y \mid \hat{\theta}) \mid \int_{\Theta \setminus N_0(\delta)} p(\theta_b) \exp[b(\ln p(y \mid \theta_b) - \ln p(y \mid \theta^0))] \mathrm{d}\theta_b$$

$$= n^{-\frac{q}{2}} \frac{p(y \mid \hat{\theta})^b}{m(y \mid b)} \left| \frac{1}{n} \ln p(y \mid \hat{\theta}) \right| n^{1+\frac{q}{2}} \int_{\Theta \setminus N_0(\delta)} p(\theta_b) \exp[b(\ln p(y \mid \theta_b) -$$

$$\ln p(y \mid \theta^0))] \mathrm{d}\theta_b \tag{5}$$

在附录 1（定理 2-1 的证明）中，我们已经证明了随着 $n \to +\infty$，

$$\frac{\mid b^{-1} \Sigma_n \mid^{\frac{1}{2}} p(y \mid \hat{\theta})^b p(\theta^0)}{m(y \mid b)} = (2\pi)^{-\frac{q}{2}} + o_p(1) \tag{6}$$

注意到 $n\Sigma_n = O_p(1)$ 并且 $0 < p(\theta^0) < +\infty$。因此我们有

$$n^{-\frac{q}{2}} \frac{p(y \mid \hat{\theta})^b}{m(y \mid b)} = (2\pi)^{-\frac{q}{2}} \mid n\Sigma_n \mid^{-\frac{1}{2}} b^{\frac{q}{2}} / p(\theta^0) + o_p(1) = O_p(1) \tag{7}$$

以及 $\frac{1}{n} \ln p(y \mid \hat{\theta}) = O_p(1)$。要证明公式（3），基于公式（5），我们只需

证明

$$n^{1+\frac{q}{2}} \int_{\Theta \setminus N_0(\delta)} p(\theta_b) \exp[b(\ln p(y \mid \theta_b) - \ln p(y \mid \theta^0))] \mathrm{d}\theta_b \overset{p}{\to} 0, 随着 n \to +\infty$$

$$\tag{8}$$

当 $\theta_b \in \Theta \setminus N_0(\delta)$，根据 A7，依概率 1，$\ln p(y \mid \theta_b) - \ln p(y \mid \theta^0) < -n$ $\mid n\Sigma_n \mid^{-\frac{1}{q}} K(\delta)$。因此

$$0 \leqslant n^{1+\frac{q}{2}} \int_{\Theta \setminus N_0(\delta)} p(\theta_b) \exp[b(\ln p(y \mid \theta_b) - \ln p(y \mid \theta^0))] \mathrm{d}\theta_b$$

$$\leqslant n^{1+\frac{q}{2}} \exp(-nb \mid n\Sigma_n \mid^{-\frac{1}{q}} K(\delta)) \int_{\Theta \setminus N_0(\delta)} p(\theta_b) \mathrm{d}\theta_b$$

$$\leqslant n^{1+\frac{q}{2}} \exp(-nb \mid n\Sigma_n \mid^{-\frac{1}{q}} K(\delta)) \to 0 \tag{9}$$

公式（3）得证。

为了证明公式（3），注意到

$$\left| \int_{\Theta \setminus N_0(\delta)} \ln p(y \mid \theta_b) \frac{p(y \mid \theta_b)^b p(\theta_b)}{m(y \mid b)} \mathrm{d}\theta_b \right|$$

$$= \frac{p(y \mid \theta^0)^b}{m(y \mid b)} \left| \int_{\Theta \setminus N_0(\delta)} \ln p(y \mid \theta_b) p(\theta_b) \exp\left[b(\ln p(y \mid \theta_b) - \ln p(y \mid \theta^0)) \right] \mathrm{d}\theta_b \right|$$

$$\leqslant \frac{p(y \mid \hat{\theta})^b}{m(y \mid b)} \left| \int_{\Theta \setminus N_0(\delta)} \ln p(y \mid \theta_b) p(\theta_b) \exp\left[b(\ln p(y \mid \theta_b) - \ln p(y \mid \theta^0)) \right] \mathrm{d}\theta_b \right|$$

$$= n^{-\frac{q}{2}} \frac{p(y \mid \hat{\theta})^b}{m(y \mid b)} n^{1+\frac{q}{2}} \left| \int_{\Theta \setminus N_0(\delta)} \frac{1}{n} \ln p(y \mid \theta_b) p(\theta_b) \exp\left[b(\ln p(y \mid \theta_b) - \right. \right.$$

$$\left. \left. \ln p(y \mid \theta^0)) \right] \mathrm{d}\theta_b \right| \tag{10}$$

因此我们只需证明

$$n^{1+\frac{q}{2}} \left| \int_{\Theta \setminus N_0(\delta)} \frac{1}{n} \ln p(y \mid \theta_b) p(\theta_b) \exp\left[b(\ln p(y \mid \theta_b) - \ln p(y \mid \theta^0)) \right] \mathrm{d}\theta_b \right| \xrightarrow{p} 0 \tag{11}$$

根据附录4中推论1的结论，我们有

$$\left| \int_{\Theta \setminus N_0(\delta)} \frac{1}{n} \ln p(y \mid \theta_b) p(\theta_b) \mathrm{d}\theta_b \right| \leqslant \int_{\Theta \setminus N_0(\delta)} \left| \frac{1}{n} \ln p(y \mid \theta_b) \right| p(\theta_b) \mathrm{d}\theta_b$$

$$\leqslant \int_{\Theta \setminus N_0(\delta)} \frac{1}{2} \left[\left(\frac{1}{n} \ln p(y \mid \theta_b) \right)^2 + 1 \right] p(\theta_b) \mathrm{d}\theta_b < +\infty \tag{12}$$

进一步，根据A7，依概率1，我们有

$$0 \leqslant n^{1+\frac{q}{2}} \left| \int_{\Theta \setminus N_0(\delta)} \frac{1}{n} \ln p(y \mid \theta_b) p(\theta_b) \exp\left[b(\ln p(y \mid \theta_b) - \ln p(y \mid \theta^0)) \right] \mathrm{d}\theta_b \right|$$

$$\leqslant n^{1+\frac{q}{2}} \exp(-nb \mid n\Sigma_n \mid^{-\frac{1}{q}} K(\delta)) \int_{\Theta \setminus N_0(\delta)} \left| \frac{b}{n} \ln p(y \mid \theta_b) p(\theta_b) \right| \mathrm{d}\theta_b \to 0 \tag{13}$$

公式（4）得证。因此，公式（2）成立。

接下来我们证明

$$\int_{N_0(\delta)} \left[\ln p(y \mid \theta_b) - \ln p(y \mid \hat{\theta}) \right] p(\theta_b \mid y, b) \mathrm{d}\theta_b = \frac{1}{2} \tilde{u}(b) + o_p(1) \tag{14}$$

其中

$$\tilde{u}\,(b) = \mathrm{tr}\big[\,L^{(2)}(\bar{\theta})\;V_b(\bar{\theta})\,\big] \tag{15}$$

其中

$$V_b(\bar{\theta}) = b^{-1}\int_{\Theta}\big[\,(\theta - \bar{\theta})\,(\theta - \bar{\theta})'\,\big]w_A(\theta_b)p(\theta\,|\,y)\mathrm{d}\theta \tag{16}$$

其中：$w_A(\theta_b) = \dfrac{p(\theta_b\,|\,y,b)}{p_A(\theta_b\,|\,y,b)}$，$\theta_b = \dfrac{1}{\sqrt{b}}(\theta - \bar{\theta}) + \bar{\theta}$，$\theta$ 服从分布 $p(\theta\,|\,y)$。

对 $\ln p(y\,|\,\theta_b)$ 在 $\hat{\theta}$ 处进行泰勒展开，我们有

$$\ln p(y\,|\,\theta_b) - \ln p(y\,|\,\hat{\theta}) = \dot{L}\,(\hat{\theta})(\theta_b - \hat{\theta}) + \frac{1}{2}\,(\theta_b - \hat{\theta})'\,L^{(2)}(\theta_a)\,(\theta_b - \hat{\theta})$$

$$= \frac{1}{2}\,(\theta_b - \hat{\theta})'L^{(2)}(\theta_a)\,(\theta_b - \hat{\theta}) \tag{17}$$

其中：$\theta_a = a\theta_b + (1-a)\hat{\theta}$，$a \in [0,1]$ 介于 $\hat{\theta}$ 和 θ_b 之间。在附录 4 推论 3 的证明中，我们已经证明了 $\theta_a = \hat{\theta} + O_p(n^{-\frac{1}{2}})$。因此，进一步我们有

$$\int_{N_0(\delta)}\big[\ln p(y\,|\,\theta_b) - \ln p(y\,|\,\hat{\theta})\big]p(\theta_b\,|\,y,b)\mathrm{d}\theta_b$$

$$= \int_{N_0(\delta)}\frac{1}{2}\,(\theta_b - \hat{\theta})'\,L^{(2)}(\theta_a)\,(\theta_b - \hat{\theta})p(\theta_b\,|\,y,b)\mathrm{d}\theta_b$$

$$= \int_{N_0(\delta)}\frac{1}{2}\,(\theta_b - \hat{\theta})'\,L^{(2)}(\theta_a)\,(\theta_b - \hat{\theta})\frac{p(\theta_b\,|\,y,b)}{p_A(\theta_b\,|\,y,b)}p_A(\theta_b\,|\,y,b)\mathrm{d}\theta_b$$

$$= \int_{N_0(\delta)}\frac{1}{2}\,(\theta_b - \hat{\theta})'\,L^{(2)}(\theta_a)\,(\theta_b - \hat{\theta})w_A(\theta_b)\,p_A(\theta_b\,|\,y,b)\mathrm{d}\theta_b$$

$$= \int_{N_0(\delta)}\frac{1}{2}\,(\theta_b - \hat{\theta})'\,L^{(2)}(\hat{\theta})\,(\theta_b - \hat{\theta})w_A(\theta_b)\,p_A(\theta_b\,|\,y,b)\mathrm{d}\theta_b + o_p(1)$$

$$\tag{18}$$

进一步，在附录 4 中，我们已经证明了 $\bar{\theta} - \hat{\theta} = o_p(n^{-1/2})$，注意到 $\theta_b = \dfrac{1}{\sqrt{b}}$

$(\theta - \bar{\theta}) + \bar{\theta}$，因此可以继续推导出

$$\int_{N_0(\delta)}\big[\ln p(y\,|\,\theta_b) - \ln p(y\,|\,\hat{\theta})\big]p(\theta_b\,|\,y,b)\mathrm{d}\theta_b$$

$$= \int_{N_0(\delta)} \frac{1}{2} (\theta_b - \hat{\theta})' L^{(2)}(\hat{\theta})(\theta_b - \hat{\theta}) w_A(\theta_b) \, p_A(\theta_b \mid y, b) \, \mathrm{d}\theta_b + o_p(1)$$

$$= \int_{N_0(\delta)} \frac{1}{2} \left(\frac{1}{\sqrt{b}}(\theta - \bar{\theta}) + \bar{\theta} - \hat{\theta} \right)' L^{(2)}(\hat{\theta}) \left(\frac{1}{\sqrt{b}}(\theta - \bar{\theta}) + \bar{\theta} - \hat{\theta} \right)$$

$$w_A(\theta_b) p(\theta \mid y) \, \mathrm{d}\theta + o_p(1)$$

$$= \int_{\Theta} \frac{1}{2} \left(\frac{1}{\sqrt{b}}(\theta - \bar{\theta}) + \bar{\theta} - \hat{\theta} \right)' L^{(2)}(\hat{\theta}) \left(\frac{1}{\sqrt{b}}(\theta - \bar{\theta}) + \bar{\theta} - \hat{\theta} \right)$$

$$w_A(\theta_b) p(\theta \mid y) \, \mathrm{d}\theta + o_p(1)$$

$$= \mathrm{tr} \left\{ \left[L^{(2)}(\bar{\theta}) \right] \int_{\Theta} \frac{1}{2} \left(\frac{1}{\sqrt{b}}(\theta - \bar{\theta}) + \bar{\theta} - \hat{\theta} \right) \left(\frac{1}{\sqrt{b}}(\theta - \bar{\theta}) + \bar{\theta} - \hat{\theta} \right)' \right.$$

$$\left. w_A(\theta_b) p(\theta \mid y) \, \mathrm{d}\theta \right\} + o_p(1)$$

$$= \mathrm{tr} \left\{ L^{(2)}(\bar{\theta}) \left[\int_{\Theta} \frac{1}{2b}(\theta - \bar{\theta})(\theta - \bar{\theta})' w_A(\theta_b) p(\theta \mid y) \, \mathrm{d}\theta \right] \right\} + o_p(1)$$

$$= \frac{1}{2} \tilde{u}(b) + o_p(1) \tag{19}$$

公式（14）得证。

最后，由于 $(\bar{\theta} - \hat{\theta}) \mid y = O(n^{-1})$，我们有 $\ln p(y \mid \bar{\theta}) - \ln p(y \mid \hat{\theta}) = o_p(1)$。结合公式（1）、公式（2）、公式（14），当我们把 n 固定下来，给定数据，给定一个固定的、有限的但足够大的 n 时，存在一个正整数 n^*，使得当 $n > n^*$ 时，$\frac{1}{2} \tilde{u}(b) + \ln p(y \mid \bar{\theta}) = u(b) + o(1)$，其中 $o(1)$ 是样本量 n 的无穷小量，定理 4-1 得证。

附录 6
推论 4-1 的证明

推论 4-1 实际上是用蒙特卡罗积分的方法给出定理 4-1 中 $\tilde{u}(b)$ 的估计量 $\hat{\tilde{u}}_H(b)$。注意到

$$\tilde{u}(b) = \mathrm{tr}\left[L^{(2)}(\bar{\theta})\, V_b(\bar{\theta})\right]$$

$$V_b(\bar{\theta}) = b^{-1}\int_{\Theta}\left[(\theta-\bar{\theta})\,(\theta-\bar{\theta})'\right]w_A(\theta_b)p(\theta\mid y)\mathrm{d}\theta$$

$$w_A(\theta_b) = \frac{p(\theta_b\mid y,\,b)}{p_A(\theta_b\mid y,\,b)}\quad \theta_b = \frac{1}{\sqrt{b}}(\theta-\bar{\theta})+\bar{\theta}$$

在 $V_b(\bar{\theta})$ 中被积函数不再有似然函数，因此不会有随着样本量的增加方差爆炸的隐患。同时，根据 C1，参数空间是紧集，因此 $V_b(\bar{\theta})$ 中被积矩阵 $(\theta-\bar{\theta})(\theta-\bar{\theta})'$ 的每一个元素都是有界的，其平方也有界。而对于权重函数 $w_A(\theta_b) = \dfrac{p(\theta_b\mid y,b)}{p_A(\theta_b\mid y,b)}$，根据附录 5 和附录 4 推论 3 的结果，其二阶矩也是有界的。因此，类似于附录 4 中的推论 4，可以使用重要性抽样及中心极限定理证明 $\hat{\tilde{u}}_H(b)$ 的一致性。只是需要注意，在 $\hat{\tilde{u}}_H(b)$ 的构造中，我们进一步对权重函数的计算进行了简化。下面我们对这一简化进行简要的证明。

沿用正文的符号，令 $\{\theta_{(1),j}\}_{j=1}^{J}$ 为来自后验分布 $p(\theta\mid y)$ 的随机抽样，且

$$\theta_{b,(j)}^{tr} = \frac{1}{\sqrt{b}}(\theta_{(1),j}-\bar{\theta}_J)+\bar{\theta}_J,\bar{\theta}_J = \frac{1}{J}\sum_{j=1}^{J}\theta_{(1),j}. \tag{1}$$

则

$$\frac{w_A(\theta_{b,(j)}^{tr})}{\sum_{j=1}^{J} w_A(\theta_{b,(j)}^{tr})} = \frac{\dfrac{p(y\mid\theta_{b,(j)}^{tr})^b p(\theta_{b,(j)}^{tr})}{p(y\mid\theta_{(1),j})p(\theta_{(1),j})}\dfrac{m(y)}{b^{q/2}m(y\mid b)}}{\sum_{j=1}^{J}\dfrac{p(y\mid\theta_{b,(j)}^{tr})^b p(\theta_{b,(j)}^{tr})}{p(y\mid\theta_{(1),j})p(\theta_{(1),j})}\dfrac{m(y)}{b^{q/2}m(y\mid b)}} = \frac{\dfrac{p(y\mid\theta_{b,(j)}^{tr})^b p(\theta_{b,(j)}^{tr})}{p(y\mid\theta_{(1),j})p(\theta_{(1),j})}}{\sum_{j=1}^{J}\dfrac{p(y\mid\theta_{b,(j)}^{tr})^b p(\theta_{b,(j)}^{tr})}{p(y\mid\theta_{(1),j})p(\theta_{(1),j})}}$$

$$= \frac{\exp[b\ln p(y\mid\theta_{b,(j)}^{tr}) - \ln p(y\mid\theta_{(1),j}) + \ln p(\theta_{b,(j)}^{tr}) - \ln p(\theta_{(1),j})]}{\sum_{j=1}^{J}\exp[b\ln p(y\mid\theta_{b,(j)}^{tr}) - \ln p(y\mid\theta_{(1),j}) + \ln p(\theta_{b,(j)}^{tr}) - \ln p(\theta_{(1),j})]}$$

$$= \frac{\exp[b\ln p(y\mid\theta_{b,(j)}^{tr}) - b\ln p(y\mid\hat{\theta}) + \ln p(y\mid\hat{\theta}) - \ln p(y\mid\theta_{(1),j}) + \ln p(\theta_{b,(j)}^{tr}) - \ln p(\theta_{(1),j})]}{\sum_{j=1}^{J}\exp[b\ln p(y\mid\theta_{b,(j)}^{tr}) - b\ln p(y\mid\hat{\theta}) + \ln p(y\mid\hat{\theta}) - \ln p(y\mid\theta_{(1),j}) + \ln p(\theta_{b,(j)}^{tr}) - \ln p(\theta_{(1),j})]}$$

$$(2)$$

对 $\ln p(y\mid\theta)$ 在 $\hat{\theta}$ 处进行泰勒展开，在附录 4 推论 3 的证明过程中，我们已经推出了

$$b(\ln p(y\mid\theta_b) - \ln p(y\mid\hat{\theta})) + \ln p(y\mid\hat{\theta}) - \ln p(y\mid\theta) = o_p(1) \quad (3)$$

其中：$o_p(1)$ 中的随机性来自数据生成过程。现在我们把 n 固定下来，给定数据，给定一个固定的、有限的但足够大的 n 时，存在一个正整数 n^*，使得当 $n>n^*$ 时，

$$b(\ln p(y\mid\theta_b) - \ln p(y\mid\hat{\theta})) + \ln p(y\mid\hat{\theta}) - \ln p(y\mid\theta) = o(1)$$

其中：$o(1)$ 是 n 的无穷小量。最后，根据 Slutsky 定理，权重矩阵可以进一步被简化为 $\dfrac{w_A(\theta_{b,(j)}^{tr})}{\sum_{j=1}^{J} w_A(\theta_{b,(j)}^{tr})}$

$$= \frac{\exp[b\ln p(y\mid\theta_{b,(j)}^{tr}) - b\ln p(y\mid\hat{\theta}) + \ln p(y\mid\hat{\theta}) - \ln p(y\mid\theta_{(1),j}) + \ln p(\theta_{b,(j)}^{tr}) - \ln p(\theta_{(1),j})]}{\sum_{j=1}^{J}\exp[b\ln p(y\mid\theta_{b,(j)}^{tr}) - b\ln p(y\mid\hat{\theta}) + \ln p(y\mid\hat{\theta}) - \ln p(y\mid\theta_{(1),j}) + \ln p(\theta_{b,(j)}^{tr}) - \ln p(\theta_{(1),j})]}$$

$$= \frac{\exp[\ln p(\theta_{b,(j)}^{tr}) - \ln p(\theta_{(1),j}) + o_p(1)]}{\sum_{j=1}^{J}\exp[\ln p(\theta_{b,(j)}^{tr}) - \ln p(\theta_{(1),j}) + o_p(1)]}$$

$$= \frac{\exp[\ln p(\theta_{b,(j)}^{tr}) - \ln p(\theta_{(1),j})]}{\sum_{j=1}^{J}\exp[\ln p(\theta_{b,(j)}^{tr}) - \ln p(\theta_{(1),j})]} + o_p(1) \qquad (4)$$

这时 $o_p(1)$ 中的随机性来自后验分布。推论 4-1 得证。推论 4-2 的证明和推论 4-1 是类似的，只不过换了一个海塞矩阵的近似量。在模型正确设定的条件下，根据后验分布的伯恩斯坦-冯-米塞斯定理，我们有

$$\Sigma_n^{-\frac{1}{2}}(\theta - \hat{\theta}) \mid y \xrightarrow{d} N(0, I_q)，其中 \Sigma_n = (-L_n^{(2)}(\hat{\theta}))^{-1}。$$

附录 7
R 代码

(一) 正态分布下的线性回归模型 (TI 算法)

```
#加载需要用到的程序包#
library(stats)
library(MASS)
library(mvtnorm)
#定义需要用到的函数#
#对数似然函数
loglikelihood<-function(y,x,betas,isigma2)
{
  n<-length(y)
  ll<-0.0
  for(i in 1:n)
  {  ll<-ll+dnorm(y[i],mean=t(betas)% * % x[i,],sd=
     sqrt(1/isigma2),log=TRUE)
  }
  return(ll)
}
#对数先验密度函数
logprior<-function(betas,isigma2,beta0,V0,s,r)
{
prior<-dmvnorm(betas,mean=beta0,sigma=V0/isigma2,log=
TRUE)+dgamma(isigma2,shape=s,rate=r,log=TRUE)
```

```r
      return(prior)
}
#幂后验抽样函数(正态分布下线性回归模型的后验和幂后验分布有
解析解,可直接抽样)
pos<-function(y,x,beta0,V0,s,r,J,bs)
{
  n<-length(y)
  iV0<-solve(V0)
  Mu0<-beta0
  k<-length(Mu0)
  V1<-solve(bs* t(x)% * % x+iV0)
  Mu1<-V1% * % (bs* t(x)% * % y+iV0% * % Mu0)
  s1<-s+0.5* n* bs
  r1<-r+0.5* (bs* t(y)% * % y+t(Mu0)% * % iV0% * %
  Mu0-t(Mu1)% * % (bs* t(x)% * % x+iV0)% * % Mu1)
  draws<-matrix(data=NA,ncol=k+1,nrow=J)
  for(j in 1:J)
  {
    draws[j,k+1]<-rgamma(1,shape=s1,rate=r1)
    draws[j,1:k]<-t(mvrnorm(n=1,mu=Mu1,Sigma=V1/
    draws[j,k+1]))
}
  return(draws)
}
#计算 U(0)的函数
uzero<-function(y,x,beta0,V0,s,r,J)
{
  n<-length(y)
```

```
u0<-0.0
k<-length(beta0)
draws<-matrix(data=NA,ncol=k+1,nrow=J)
for(j in 1:J)
{
  draws[j,k+1]<-rgamma(1,shape=s,rate=r)
  draws[j,1:k]<-t(mvrnorm(n=1,mu=beta0,Sigma=V0/
  draws[j,k+1]))
  u0<-u0+loglikelihood(y,x,draws[j,1:k],draws[j,k
+1]))/J
}
  return(u0)
}
#从先验分布中抽样的函数
priordraw<-function(y,x,beta0,V0,s,r,J)
{
  n<-length(y)
  k<-length(beta0)
  draws<-matrix(data=NA,ncol=k+1,nrow=J)
  for(j in 1:J)
  {
    draws[j,k+1]<-rgamma(1,shape=s,rate=r)
    draws[j,1:k]<-t(mvrnorm(n=1,mu=beta0,Sigma=V0/
    draws[j,k+1]))
  }
  return(draws)
}
#读取数据
```

```
data<-read.table(file="D:/houseprice.txt",header=F)
y<-data[,1]
n<-length(y)
x1<-data[,2]
x2<-data[,3]
x3<-data[,4]
x4<-data[,5]
x0<-rep(1,n)
x<-cbind(x0,x1,x2,x3,x4)
#定义一些重要的参数
S<-20
J<-20000
k<-length(x[1,])
beta0<-c(0.0,10.0,5000.0,10000.0,10000.0)
v0<-c(2.4,6e-7,0.15,0.6,0.6)
s<-2.5
r<-6.25e7
V0<-diag(v0)
u_fp<-numeric(S)
bs<-numeric(S)
w<-numeric(S-2)
c<-3
for(b in 1:S){bs[b]<-(b/S)^c}
for(i in 2:(S-1))
{
  index<-i-1
  w[index]<-(bs[i+1]-bs[i-1])/2
}
```

```
#计算 U(0)
set.seed(100)
u0<-uzero(y,x,beta0,V0,s,r,J)
#TI 算法
for (b in 1:S)
{
  print(b)
  u_fp[b]<-0.0
  set.seed(b)
  posdraw<-pos(y,x,beta0,V0,s,r,J,bs[b])
  for(j in 1:J)
  { u_fp[b]<-u_fp[b]+loglikelihood(y,x,posdraw[j,
    1:k],posdraw[j,k+1])/J
  }


}
#计算对数边际似然
margin_fp<-0.5* bs[1]* u0+0.5* bs[2]* u_fp[1]+t(w)% * %
u_fp[2:(S-1)]+0.5* (bs[S]-bs[S-1])* u_fp[S]
```

（二）t 分布下的线性回归模型（SS 算法）

```
#加载需要用到的程序包
library(stats)
library(MASS)
library(mvtnorm)
library(R2WinBUGS) #从 R 调用 WinBUGS 软件包进行 MCMC 抽样
#定义需要用到的函数
#对数似然函数
```

```
llt<-function(para,y,x)
{
  n<-length(y)
  mu<-numeric(n)
  k<-length(x[1,])
  betas<-para[1:k]
  isigma2<-para[k+1]
  v<-para[k+2]
  ll<-numeric(n)
  for (i in 1:n)
  {
    mu[i]<-t(betas)% * % x[i,]
  ll [i] <-lgamma((v+1)/2)-lgamma(v/2)+0.5 * log
  (isigma2/(pi* v))-0.5* (v+1)* log(1+isigma2* (y[i]
  -mu[i])^2/v)
  }
  loglike<-sum(ll)
  return(loglike)
}
```

#对数先验概率密度函数

```
logprior<-function(betas,isigma2,v,beta0,V0,s,r)
{  prior < - dmvnorm (betas, mean = beta0, sigma = V0/
   isigma2,log=TRUE)+dgamma(isigma2,shape=s,rate=
   r,log=TRUE)+dexp(v-2,0.05,log=TRUE)
   return(prior)
}
```

#先验抽样函数

```
priordraw<-function(y,x,beta0,V0,s,r,J)
```

```
{
  n<-length(y)
  k<-length(beta0)
  draws<-matrix(data=NA,ncol=k+2,nrow=J)
  ll0<-numeric(J)
  for(j in 1:J)
  {
    draws[j,k+1]<-rgamma(1,shape=s,rate=r)

    draws[j,1:k]<-t(mvrnorm(n=1,mu=beta0,Sigma=V0/
    draws[j,k+1]))
    draws[j,k+2]<-rexp(1,0.05)+2
    ll0[j]<-llt(draws[j,],y,x)
  }
  res<-list(draws=draws,ll0=ll0)
  return(res)
}
#读取数据
data<-read.table(file="D:/houseprice.txt",header=F)
y<-data[,1]
n<-length(y)
x1<-data[,2]
x2<-data[,3]
x3<-data[,4]
x4<-data[,5]
x0<-rep(1,n)
x<-cbind(x0,x1,x2,x3,x4)
#定义一些重要参数
```

```
S<-20
c<-3
J<-20000
niter<-100000
nburnin<-40000
nchains<-1
k<-length(x[1,])
beta0<-c(0.0,10.0,5000.0,10000.0,10000.0)
v0<-c(2.4,6e-7,0.15,0.6,0.6)
s<-2.5
r<-6.25e7
V0<-diag(v0)
ratio_ss<-numeric(S-1)
bs<-numeric(S)
for(b in 1:S){bs[b]<-(b/S)^c}
isigma20<-2.5/62500000
v0<-20
init1<-list(beta=beta0,isigma2=isigma20,v=v0)
inits<-list(init1)
parameters<-c("beta","isigma2","v")
#SS 算法
for (b in 1:(S-1))
{
  print(b)
  data<-list(n=n,y=y,x=x,pi=pi,bs=bs[b])
  set.seed(b)
  fpt<-bugs(data,inits,parameters,model.file="D:/
modelfp.txt",n.chains=nchains,n.iter=niter,n.burnin=
```

```
nburnin,n.thin=3,DIC=FALSE,bugs.directory="C:/Program
Files/WinBUGS14",working.directory="D:/",debug=FALSE)
    mcmcbs0<-read.bugs("D:/coda1.txt")
    mcmcbs1<-as.matrix(mcmcbs0)
    posdraw<-mcmcbs1
    Lpdfbs<-apply(posdraw,1,llt,y,x)
    Lmaxbs<-max(Lpdfbs)
    ratio_ss[b]<-log(sum(exp((bs[b+1]-bs[b])*(Lpdfbs
    -Lmaxbs))))/J)+(bs[b+1]-bs[b])*Lmaxbs
    }

    #计算 r(0)
    set.seed(100)
    res<-priordraw(y,x,beta0,V0,s,r,J)
    Lpdf0<-res$ll0
    Lmax0<-max(Lpdf0)
    ratio_ss0<-log(sum(exp(bs[1]*(Lpdf0-Lmax0)))/J)+bs
[1]*Lmax0
    #计算对数边际似然
    logmargin_SS<-ratio_ss0+sum(ratio_ss)
```

（三）高斯正态分布连接函数（TI-LWY 算法）

```
    #加载需要用到的程序包
    library(stats)
    library(mcmc)
    #定义需要用到的函数
    #对数先验分布概率密度函数
    prior<-function(para,mu0,sd0,s0,r0)
```

```
{
  mu1<-para[1]
  h1<-para[2]
  mu2<-para[3]
  h2<-para[4]
  delta<-para[5]
  c1<-(h1>0)
  c2<-(h2>0)
  c3<-(delta>-1&delta<1)
  if(c1&c2&c3)
  {  p<-dnorm(mu1,mu0,sd0,log=TRUE)+dnorm(mu2,mu0,
     sd0,log=TRUE)+dgamma(h1,shape=s0,rate=r0,log
     =TRUE)+dgamma(h2,shape=s0,rate=r0,log=TRUE)+
     log(1/2)
  }
  else
    p<--Inf

  return(p)
}
#对数先验概率密度函数(重参数化后)
prior2<-function(para,mu0,sd0,s0,r0)
{
  mu1<-para[1]
  logh1<-para[2]
  mu2<-para[3]
  logh2<-para[4]
  tandelta<-para[5]
```

```
h1<-exp(logh1)

h2<-exp(logh2)

delta<-atan(tandelta)* 2/pi

c1<-(h1>0)

c2<-(h2>0)

c3<-(delta>-1&delta<1)

if(c1&c2&c3)

{  p<-dnorm(mu1,mu0,sd0,log=TRUE)+dnorm(mu2,mu0,
   sd0,log=TRUE)+dgamma(h1,shape=s0,rate=r0,log
   =TRUE)+dgamma(h2,shape=s0,rate=r0,log=TRUE)+
   log(1/2)+log(h1)+log(h2)+log(2/(pi* (1+
   tandelta^2)))

}

  else

    p<--Inf


  return(p)

}
```

\#对数目标核函数(输入 mcmc 程序包的目标概率密度)

```
target<-function(para,r,bs,mu0,sd0,s0,r0)

{

  #para includes mu1,h1,mu2,h2,delta

  n<-length(r[,1])

  mu1<-para[1]

  h1<-para[2] #sigma^2 1

  mu2<-para[3]

  h2<-para[4]

  delta<-para[5]
```

```
    p<-prior(para,mu0,sd0,s0,r0)
    if (p! = -Inf)
    {
      z1<-(r[,1]-mu1)* sqrt(h1)
      z2<-(r[,2]-mu2)* sqrt(h2)

      k<-(-n* log(2* pi)-0.5* n* log((1-delta^2)/(h1*
      h2))-sum(z1^2+z2^2-2* delta* z1* z2)/(2* (1-delta^
      2)))* bs+p
    }
    else
      k<--Inf
    return(k)
}
#对数似然函数
11<-function(para,r)
{
    #para includes mu1,h1,mu2,h2,delta
    n<-length(r[,1])
    mu1<-para[1]
    h1<-para[2] #1/sigma^2
    mu2<-para[3]
    h2<-para[4]
    delta<-para[5]
    z1<-(r[,1]-mu1)* sqrt(h1)
    z2<-(r[,2]-mu2)* sqrt(h2)
    11<--n* log(2* pi)-0.5* n* log((1-delta^2)/(h1*
    h2))-sum(z1^2+z2^2-2* delta* z1* z2)/(2* (1-delta^2))
```

```
    return(ll)
}
#对数似然函数(重参数化后)
ll2<-function(para,r)
{
  #para includes mu1,h1,mu2,h2,delta
  n<-length(r[,1])
  mu1<-para[1]
  logh1<-para[2]
  mu2<-para[3]
  logh2<-para[4]
  tandelta<-para[5]
  h1<-exp(logh1)
  h2<-exp(logh2)
  delta<-atan(tandelta)* 2/pi
  z1<-(r[,1]-mu1)* sqrt(h1)
  z2<-(r[,2]-mu2)* sqrt(h2)
  ll<--n* log(2* pi)-0.5* n* log((1-delta^2)/(h1*
  h2))-sum(z1^2+z2^2-2* delta* z1* z2)/(2* (1-delta^2))
  return(ll)
}
#计算 U(0)的函数
uzero<-function(r,mu0,sd0,s0,r0,J)
{
  n<-length(r[,1])
  u0<-0.0
  para<-numeric(5)
  draws<-matrix(data=NA,ncol=5,nrow=J)
```

```
  for(j in 1:J)
  {
    para[1]<-rnorm(1,mu0,sd0)
    para[2]<-rgamma(1,s0,r0)
    para[3]<-rnorm(1,mu0,sd0)
    para[4]<-rgamma(1,s0,r0)
    para[5]<-runif(1,-1,1)
    u0<-u0+ll(para,r)/J
  }
  return(u0)
}
#从先验分布中抽样的函数
priordraw<-function(r,mu0,sd0,s0,r0,J)
{
  n<-length(r[,1])
  para<-numeric(5)
  draws<-matrix(data=NA,ncol=5,nrow=J)
  for(j in 1:J)
  {
    draws[j,1]<-rnorm(1,mu0,sd0)
    draws[j,2]<-rgamma(1,s0,r0)
    draws[j,3]<-rnorm(1,mu0,sd0)
    draws[j,4]<-rgamma(1,s0,r0)
    draws[j,5]<-runif(1,-1,1)
  }
  return(draws)
}
#读取数据
```

```
data<-read.table("D:/SP.txt",header =FALSE)
data<-as.matrix(data)
r1<-data[,4:5]
dataadd<-read.table("D:/dataadd.txt",header=FALSE)
dataadd<-as.matrix(dataadd)
r2<-dataadd[,1:2]
r<-rbind(r1,r2)
#定义一些重要的参数
n<-length(r[,1])
S<-100
c<-3
J<-10000
mu0<-0
sd0<-5
s0<-0.1
r0<-1
u_lwy<-numeric(S)
bs<-numeric(S)
LLprior<-numeric(J)
Lpriorbs<-numeric(J)
Lpdf0<-numeric(J)
LLpdf1<-numeric(J)
Lpdfbs<-numeric(J)
weight_lwy<-numeric(J)
w<-numeric(S-2)
for(b in 1:S){bs[b]<-(b/S)^c}
for(i in 2:(S-1))
{
```

```
    index<-i-1
    w[index]<-(bs[i+1]-bs[i-1])/2
}
cut<-sum(bs<1/n)
#计算 U(0)
set.seed(100)
u0<-uzero(r,mu0,sd0,s0,r0,J)
initials<-c(0,1,0,1,0)
scales<-c(0.03/3,0.03/3,0.03/3,0.03/3,0.003)
#TI-LWY 算法
set.seed(123)
out1<-metrop(target,initials,nbatch=100000,blen=1,
scale=scales,r=r,bs=1,mu0=mu0,sd0=sd0,s0=s0,r0=r0)
accept1<-out1$accept
posdraw1<-out1$batch[seq(50001,100000,by=5),]
#mu1,h1,mu2,h2,delta
  #重参数化
posdraw2<-cbind(posdraw1[,1],log(posdraw1[,2]),
posdraw1[,3],log(posdraw1[,4]),tan(0.5*pi*posdraw1[,
5]))
posdrawbs<-matrix(data=NA,ncol=5,nrow=J)
thetabar<-colMeans(posdraw1)
phibar<-colMeans(posdraw2)
llbar<-ll2(phibar,r)
for(rep in 1:J)
{  LLprior[rep]<-prior2(posdraw2[rep,],mu0=mu0,sd0
    =sd0,s0=s0,r0=r0)
  LLpdf1[rep]<-ll2(posdraw2[rep,],r)
```

```
}
LLpdf1demean<-LLpdf1-mean(LLpdf1)
for (b in (cut+1):S)
{
  Lprior<-LLprior
  Lpriorbs<-numeric(J)
  Lpdf1<-LLpdf1
  Lpdfbs<-numeric(J)
  Lpdf1demean<-LLpdf1demean
  print(b)
  for (rep in 1:J)
  {  posdrawbs[rep,]<-(posdraw2[rep,]-phibar)/sqrt
     (bs[b])+phibar
  Lpriorbs[rep]<-prior2(posdrawbs[rep,],mu0=mu0,
sd0=sd0,s0=s0,r0=r0)
    Lpdfbs[rep]<-ll2(posdrawbs[rep,],r)
  }
  index<-which(Lpdfbs==-Inf)
  if(length(index)>0)
  {
    Lpdfbs<-Lpdfbs[-index]
    Lpriorbs<-Lpriorbs[-index]
    Lpdfbsdemean<-Lpdfbs-mean(Lpdfbs)
    Lpdf1demean<-Lpdf1demean[-index]
    Lprior<-Lprior[-index]
  }
Lpdfbsdemean<-Lpdfbs-mean(Lpdfbs)
```

```
weight_lwy<-exp(bs[b]*Lpdfbsdemean-Lpdf1demean+
Lpriorbs-Lprior)/sum(exp(bs[b]*Lpdfbsdemean-
Lpdf1demean+Lpriorbs-Lprior))
  u_lwy[b]<-t(weight_lwy)%*%Lpdfbs
}
if(cut>=1)
{
  set.seed(123)
  posdraw0<-priordraw(r,mu0,sd0,s0,r0,J)
  for(rep in 1:J)
  {
    Lpdf0[rep]<-ll(posdraw0[rep,],r)
  }


  for (b in 1:cut)
  {  weight_lwy<-exp(bs[b]*Lpdf0-bs[b]*mean
     (Lpdf0))/sum(exp(bs[b]*Lpdf0-bs[b]*mean
     (Lpdf0)))
    u_lwy[b]<-t(weight_lwy)%*%Lpdf0
  }
}
#计算边际似然函数
margin_lwy<-0.5*bs[1]*u0+0.5*bs[2]*u_lwy[1]+t(w)%
*%u_lwy[2:(S-1)]+0.5*(bs[S]-bs[S-1])*u_lwy[S]
```

(四)高斯 t 连接函数模型(SS-LWY2 算法)

```
#加载需要用到的程序包
library(stats)
```

```
library(mcmc)
library(mnormt)
library(pracma)
#定义需要用到的函数
#对数先验概率密度函数
prior<-function(para,mu0,sd0,s0,r0)
{
  mu1<-para[1]
  h1<-para[2]
  mu2<-para[3]
  h2<-para[4]
  delta<-para[5]
  v<-para[6]
  c1<-(h1>0)
  c2<-(h2>0)
  c3<-(delta>-1&delta<1) #delta~U[-1,1]
  c4<-(v>2) # v-2~exp(1)
  if(c1&c2&c3&c4)
  {  p<-dnorm(mu1,mu0,sd0,log=TRUE)+dnorm(mu2,mu0,
     sd0,log=TRUE)+dgamma(h1,shape=s0,rate=r0,log
     =TRUE)+dgamma(h2,shape=s0,rate=r0,log=TRUE)+
     log(1/2)+dexp(v-2,rate=1,log=TRUE)
  }
  else
    p<--Inf

  return(p)
}
```

```
#对数先验概率密度函数(重参数化后)
prior2<-function(para,mu0,sd0,s0,r0)
{
  mu1<-para[1]
  logh1<-para[2]
  mu2<-para[3]
  logh2<-para[4]
  tandelta<-para[5]
  logv<-para[6]
  h1<-exp(logh1)
  h2<-exp(logh2)
  delta<-atan(tandelta)* 2/pi
  v<-exp(logv)+2
  c1<-(h1>0)
  c2<-(h2>0)
  c3<-(delta>-1&delta<1) #delta~U[-1,1]
  c4<-(v>2) # v-2~exp(1)
  if(c1&c2&c3&c4)
  {  p<-dnorm(mu1,mu0,sd0,log=TRUE)+dnorm(mu2,mu0,
     sd0,log=TRUE)+dgamma(h1,shape=s0,rate=r0,log
     =TRUE)+dgamma(h2,shape=s0,rate=r0,log=TRUE)+
     log(1/2)+dexp(v-2,rate=1,log=TRUE)+log(h1)+
     log(h2)+log(2/(pi* (1+tandelta^2)))+log(v-2)
  }
  else
    p<--Inf
  return(p)
}
```

```
#对数目标核函数
target<-function(para,r,bs,mu0,sd0,s0,r0)
{
  #para includes mu1,h1,mu2,h2,delta,v
  n<-length(r[,1])
  mu1<-para[1]
  h1<-para[2] #sigma^2 1
  mu2<-para[3]
  h2<-para[4]
  delta<-para[5]
  v<-para[6]
  p<-prior(para,mu0,sd0,s0,r0)
  if (p! = -Inf)
  {
    z1<-(r[,1]-mu1)* sqrt(h1)
    z2<-(r[,2]-mu2)* sqrt(h2)
    cdf1<-pt(z1,v)
    index1<-which(cdf1==1)
    cdf1[index1]<-1-1.0e-16
    index1<-which(cdf1==0)
    cdf1[index1]<-1.0e-16
    cdf2<-pt(z2,v)
    index2<-which(cdf2==1)
    cdf2[index2]<-1-1.0e-16
    index2<-which(cdf2==0)
    cdf2[index2]<-1.0e-16
    q1<-qnorm(cdf1)
    q2<-qnorm(cdf2)
```

```
    k<-(-0.5 * n * log(1-delta^2)-sum(q1^2+q2^2-2 *
    delta * q1 * q2)/(2 * (1-delta^2))+0.5 * sum(q1^2+q2^
    2)+0.5 * n * log(h1)+sum(dt(z1,v,log=TRUE))+0.5 * n
    * log(h2)+sum(dt(z2,v,log=TRUE)))* bs+p
    }
    else
      k<--Inf
    return(k)
}
#对数似然函数
ll<-function(para,r)
{
    #para includes mu1,h1,mu2,h2,delta,v
    n<-length(r[,1])
    mu1<-para[1]
    h1<-para[2] #1/sigma^2
    mu2<-para[3]
    h2<-para[4]
    delta<-para[5]
    v<-para[6]
    z1<-(r[,1]-mu1)* sqrt(h1)
    z2<-(r[,2]-mu2)* sqrt(h2)
    cdf1<-pt(z1,v)
    index1<-which(cdf1==1)
    cdf1[index1]<-1-1.0e-16
    index1<-which(cdf1==0)
    cdf1[index1]<-1.0e-16
    cdf2<-pt(z2,v)
```

```
    index2<-which(cdf2==1)

    cdf2[index2]<-1-1.0e-16

    index2<-which(cdf2==0)

    cdf2[index2]<-1.0e-16

    q1<-qnorm(cdf1)

    q2<-qnorm(cdf2)

    ll<--0.5*n*log(1-delta^2)-sum(q1^2+q2^2-2*
    delta*q1*q2)/(2*(1-delta^2))+0.5*sum(q1^2+q2^
    2)+0.5*n*log(h1)+sum(dt(z1,v,log=TRUE))+0.5*n
    *log(h2)+sum(dt(z2,v,log=TRUE))

    return(ll)

}
#对数似然函数(重参数化后)

ll2<-function(para,r)

{
    #para includes mu1,h1,mu2,h2,delta,v

    mu1<-para[1]

    logh1<-para[2]

    mu2<-para[3]

    logh2<-para[4]

    tandelta<-para[5]

    logv<-para[6]

    h1<-exp(logh1)

    h2<-exp(logh2)

    delta<-atan(tandelta)*2/pi

    v<-exp(logv)+2

    z1<-(r[,1]-mu1)*sqrt(h1)

    z2<-(r[,2]-mu2)*sqrt(h2)
```

```
cdf1<-pt(z1,v)
index1<-which(cdf1==1)
cdf1[index1]<-1-1.0e-16
index1<-which(cdf1==0)
cdf1[index1]<-1.0e-16
cdf2<-pt(z2,v)
index2<-which(cdf2==1)
cdf2[index2]<-1-1.0e-16
index2<-which(cdf2==0)
cdf2[index2]<-1.0e-16
q1<-qnorm(cdf1)
q2<-qnorm(cdf2)
ll<--0.5*n*log(1-delta^2)-sum(q1^2+q2^2-2*
delta*q1*q2)/(2*(1-delta^2))+0.5*sum(q1^2+q2^
2)+0.5*n*log(h1)+sum(dt(z1,v,log=TRUE))+0.5*n
*log(h2)+sum(dt(z2,v,log=TRUE))
return(ll)
}
#先验分布抽样函数
priordraw<-function(r,mu0,sd0,s0,r0,J)
{
  n<-length(r[,1])
  draws<-matrix(data=NA,ncol=6,nrow=J)
  ll0<-numeric(J)
  for(j in 1:J)
  {
    draws[j,1]<-rnorm(1,mu0,sd0)
    draws[j,2]<-rgamma(1,s0,r0)
```

```
        draws[j,3]<-rnorm(1,mu0,sd0)
        draws[j,4]<-rgamma(1,s0,r0)
        draws[j,5]<-runif(1,-1,1)
        draws[j,6]<-rexp(1,rate=1)+2
        ll0[j]<-ll(draws[j,],r)
    }
    res<-list(draws=draws,ll0=ll0)
    return(res)
}
#读取数据
data<-read.table("D:/SP.txt",header=FALSE)
data<-as.matrix(data)
r1<-data[,4:5]
dataadd<-read.table("D:/dataadd.txt",header=FALSE)
dataadd<-as.matrix(dataadd)
r2<-dataadd[,1:2]
r<-rbind(r1,r2)
#定义一些重要参数
n<-length(r[,1])
S<-20
c<-3
J<-10000
mu0<-0
sd0<-5
s0<-0.1
r0<-1
r_H<-numeric(S-1)
r_V<-numeric(S-1)
```

```
bs<-numeric(S)

w<-numeric(S-2)

for(b in 1:S){bs[b]<-(b/S)^c}

for(i in 2:(S-1))

{

  index<-i-1

  w[index]<-(bs[i+1]-bs[i-1])/2

}

cut<-sum(bs<1/n)

Lpdf0<-numeric(J)

Lprior<-numeric(J)

Lpriorbs<-numeric(J)

tr_H<-numeric(J)

tr_V<-numeric(J)

accept<-numeric(S)

initials<-c(0,1,0,1,0,3)

scales<-c(0.03/3,0.03/3,0.03/3,0.03/3,0.003,0.003)

#SS-LWY2算法

set.seed(123)

#posterior sampling

out1<-metrop(target,initials,nbatch=100000,blen=1,
scale=scales,r=r,bs=1,mu0=mu0,sd0=sd0,s0=s0,r0=r0)

accept1<-out1$accept

posdraw1<-out1$batch[seq(50001,100000,by=5),]
#mu1,h1,mu2,h2,delta,v

#重参数化

posdraw2<-cbind(posdraw1[,1],log(posdraw1[,2]),
posdraw1[,3],log(posdraw1[,4]),tan(0.5*pi*posdraw1[,
5]),log(posdraw1[,6]-2))
```

```
posdrawbs < - matrix (data = NA, ncol = length (posdraw2
[1,]),nrow=J)
phibar<-colMeans(posdraw2)
thetabar<-colMeans(posdraw1)
llbar<-ll2(phibar,r)
#求海塞矩阵或后验方差-协方差矩阵
H0<-hessian(ll,thetabar,r=r)
#雅克比矩阵调整
pa<-diag(6)
pa[2,2]<-exp(phibar[2])
pa[4,4]<-exp(phibar[4])
pa[5,5]<-2/(pi* (1+phibar[5]^2))
pa[6,6]<-exp(phibar[6])
var_H<-pa% * % H0% * % t(pa)
var_V<--solve(cov(posdraw2))
for(rep in 1:J)
{  Lprior[rep]<-prior2(posdraw2[rep,],mu0 =mu0,sd0 =
   sd0,s0 =s0,r0=r0)
}
for (b in (cut+1):(S-1))
{
  print(b)
  for (rep in 1:J)
  {
    posdrawbs[rep,]<-(posdraw2[rep,]-phibar)/sqrt
    (bs[b])+phibar
  Lpriorbs[rep]<-prior2(posdrawbs[rep,],mu0 =mu0,
  sd0 =sd0,s0 =s0,r0=r0)
```

```
    tr_H[rep]<-exp((t(posdraw2[rep,]-phibar[1:length
    (phibar)]))%*% var_H%*% (posdraw2[rep,]-phibar
    [1:length(phibar)])*(bs[b+1]-bs[b])/(2*bs[b])))
    tr_V[rep]<-exp((t(posdraw2[rep,]-phibar[1:length
    (phibar)]))%*% var_V%*% (posdraw2[rep,]-phibar
    [1:length(phibar)])*(bs[b+1]-bs[b])/(2*bs[b])))
    }
    weight<-exp(Lpriorbs-Lprior)/sum(exp(Lpriorbs-
Lprior))
    r_H[b]<-t(weight)%*% tr_H
    r_V[b]<-t(weight)%*% tr_V
  }
  if(cut>=1)
  {
    set.seed(100)
    priordraw0<-priordraw(r,mu0,sd0,s0,r0,J)
    Lpdf0<-priordraw0 $ll0
    for (b in 1:cut)
    {  weight0<-exp(bs[b]*Lpdf0-bs[b]*mean(Lpdf0))/
      sum(exp(bs[b]*Lpdf0-bs[b]*mean(Lpdf0)))
    r_H[b]<-r_V[b]<-t(weight0)%*% exp((bs[b+1]-bs
    [b])*(Lpdf0-llbar))
    }
    r0<-sum(exp(bs[1]*(Lpdf0-llbar)))/J
  }
  logmargin_H<-log(r0)+sum(log(r_H))+llbar
  logmargin_V<-log(r0)+sum(log(r_V))+llbar
```